공학기술과 팀워크

공학기술과 팀워크

최유현 지음

글로벌 시대 공학리더를 위한 팀워크 이론 입문

지호

머리말

오늘날 공학교육에서 본질적이고도 사라지지 않는 두 가지 패러다임은 '창조(creation)'와 '협력(collaboration)'이다. 여기서 창조는 혁신과 발명, 문제해결을 뜻하고 협력은 팀워크와 협동을 포괄하는 의미이다. 이러한 용어가 오늘날 우리 사회, 조직, 학교에서 키워드로 더욱 부각되고 있는 현실은 누구도 부인할 수 없을 것이다. 유명한 경영 컨설턴트인 워싱턴 대학 심리학과 교수 키스 소여(Keyth Sawyer)는 『그룹 지니어스*Group Genius: Creative Power of Collaboration*』라는 책에서 아이디어는 협력할 때 생긴다는 주장과 증거를 제시하였다. 결국 새로운 세기에 공학교육에서 필요한 창조적 문제해결과 협력에 기반한 팀워크 전략은 공학 엔지니어들에게 공학기술 능력의 새로운 활력과 시너지를 제공한다는 것이다.

모든 기술과 공학은 역사 이래로 인류 문명에 지대한 영향을 끼쳐

왔으며, 특히 인간, 사회, 경제, 정치, 환경, 윤리에 미치는 영향은 오늘날 기술의 진보의 혁신적 발달과 더불어 더욱 그 영향력이 증대되고 있다. 이러한 과정에서 공학은 창의적 설계과정(creative design process)이나 기술적 문제해결 과정과 방법론(technological problem solving methodology)에 의하여 새로운 기술이 혁신되고 탄생되었다. 이러한 이유로 공학기술과 교육에서 창조는 새로운 지향이라기보다 본질이며, 이 본질은 공학기술에서 영원히 사라지지 않은 지향 가치로 자리매김할 것이다.

따라서 공학기술은 협력이나 팀워크에 기반을 두지 않고 새로운 기술을 창출하기란 불가능하다. 최근 들어 융합공학기술, 통합 학문적 패러다임을 구태여 말하지 않더라도 인류의 여러 학문적, 기술적 팀워크를 하지 않는 기업이나 연구 집단은 살아남기가 힘든 시대가 되었다. 아무리 개개인의 지식과 경쟁력이 뛰어나도 서로 보완되는 협력의 시스템 밖에서는 기술 경쟁 시대에 살아남기 힘들다.

이러한 협력과 팀워크는 단순히 '부분의 합(1+1+1+1+1=5)'을 추구하기보다는 그 이상을 기대하는 시너지 효과로서의 '부분의 합(1+1+1+1+1=적어도 5이상의 결과)'을 기대하고 있는 것이다. 이러한 시너지는 팀워크에 의하여 좌우되며, 그 팀워크는 팀 리더의 역량은 물론 팀 구성원간의 팀 리더십 기술, 의사소통 기술, 의사결정 기술, 갈등관리 기술, 문제해결 기술의 역량에 따라 좌우되기 마련이다.

이러한 이유로 공학교육(engineering education)에서 팀워크의 필요성과 당위성을 주장하고 있으며, 모든 공학을 전공하는 학생들이 그들의 교육과정에서 필수적으로 '공학기술과 팀워크'에 대한 이해와 실천 지식과 기술의 학습을 수행해야 한다고 볼 수 있다. 이것은 공학적 기술의 이해와 지식을 더욱 유용하고 의미 있게 창출할 수 있는 시스템적 지식과 사고인 것이다.

모든 지식이 그러하겠지만, 아는 것 이상의 실천을 위한 '실제적 앎'이 중요하다는 사실은 팀워크에서는 아무리 강조해도 지나치지 않다. 특히 팀워크 이론은 팀워크를 전공하는 학자들에게 필요한 정보일지 몰라도 공학교육과 기술 분야에서는 이를 실천할 수 있는 태도(minds)와 기술(skills)이 요구된다고 할 수 있다.

이 책에서는 평소에 소홀히 취급하는 인간관계 기술에 대하여 새롭게 검토할 수 있는 기회를 마련해줄 것이다. 특히, 왜 공학기술에서 팀워크가 필요한 것인지, 의사소통에서 가장 어려운 '경청'은 어떻게 할 것인지, 갈등관리 기술에서 갈등을 회피가 아니라 직면하는 기술, 오히려 갈등이 없는 팀이 위험한 이유, 의사결정 기술에서 합리적 문제해결, 프로젝트 관리에서 독자들의 팀 구성원으로서의 자기 자신을 성찰해볼 수 있는 기회를 마련할 것으로 기대한다.

이 책을 통하여 팀워크에서 가장 중요한 쟁점들을 알고 그 전략들을 살피며, 팀에서의 방관자가 아니라 능동적 참여자, 섬기는 리더십 기술을 학습할 수 있기를 기대한다. 이 책에서는 다음과 같은 팀워크의 핵심 주제를 5부로 나누어서 집필하였다.

1부에서는 공학기술과 팀워크가 어떻게 관련되는지, 그리고 팀워크의 기초가 되는 이론을 개념적으로 탐구하였다.

2부에서는 팀 목표의 설정, 팀의 역할과 규칙, 그리고 팀 구성원의 책무에 대한 내용을 탐구하며, 팀을 만들어 팀워크를 발휘하기 위한 기본적 체제와 확립과 조직화에 대하여 논의하였다.

3부에서는 팀이 수행되는 과정에서 팀의 리더십, 의사소통, 갈등관리, 의사결정은 가장 기본적인 팀워크에 결정적 영향을 미친다는 것을 밝혔다. 이 장에서는 이와 같은 주제를 중심으로 이론적 기초와 개발 기술을 다루고 있다.

4부에서는 팀에서 수행되는 프로젝트의 문제해결, 그리고 개인의 문제해결 행동유형의 VIEW 검사에 대하여 다루고, 그 과정에서의 문제해결과 관련된 기법, 프로젝트 모니터링과 평가, 보상에 대하여 탐구하였다.

또한 이 책에서는 정교화 이론에 바탕을 두고 절차적 정교화, 선행조직자, 요약자를 중심으로 다음과 같은 핵심 체제와 전략을 가지고 집필하였다.

문제의 제기–각 부의 첫 페이지에 학습목표와 문제를 확인할 수 있도록 문제 중심으로 진술하여 학습의 내용을 인지하고 동기를 갖도록 하였다.

주요 개념(key words)–핵심이 되는 주요 개념을 제시하여 사전에 학습의 핵심 주제와 쟁점을 이해하는 데 도움을 주도록 하였으며,

학습을 마친 후에도 이를 확인할 수 있도록 하였다.

팀워크 계발 활동(Team Building Game)—각 부의 주제와 관련된 팀워크 계발을 위한 게임 활동을 제시하여, 실제로 팀워크 계발 기술을 체험할 수 있는 기회를 제공하였다.

성찰과 토론(reflection & discussion)—앞서 배운 내용을 장별로 핵심 내용의 정리와 응용, 적용을 통한 성찰과 함께 토론 과제로 제시하여 최종적인 정리와 실천을 위한 기회를 갖도록 하였다.

참고문헌—참고문헌은 부별로 제공하여 주제 중심의 참고문헌을 참조토록 하였다.

"함께 만나는 것이 바로 시작이며, 함께 관계를 유지하는 것은 곧 진보를 경험하는 것이며, 함께 일하는 것은 곧 성공이다"라는 팀워크 당위론을 몸소 체험하기를 바란다.

이 책은 2005년 1년 동안 노스캐롤라이나 주립대학에서 방문교수로 지내는 동안 여러 유익한 자료를 수집할 수 있는 환경과 보다 연구와 집필에 집중할 수 있는 시간적 혜택이 있었기 때문에 가능하였다. 하지만 그 이후 거의 이 년이 지난 다음에야 이 책을 완성할 수 있었던 것은 수많은 팀워크에 대한 연구들을 통합해서 하나의 저서로 발전시키는 데에 생각보다 많은 시간이 필요했기 때문이다. 그러나 그럼에도 이 책이 완전하리라는 믿음은 강하지 않다. 부디 이 책을 읽거나 학습하는 독자들의 아낌없는 질책과 격려를 기대한다.

무엇보다도 이 책을 쓰게 된 기본 동기는 한국공학교육학회의 요청 때문이었다. 한국공학교육학회의 유영제 학회장님, 저자를 믿고 집필을 맡겨주신 학회 출판 연구 사업을 주관하시는 노태천 교수님께 깊은 감사의 뜻을 표한다.

2008년 8월

한밭 대덕 연구실에서

| 차례 |

3부 팀워크 기술 개발

1부

팀워크 기초와 이론

1. 공학기술과 팀워크
2. 팀워크의 이론적 기초

Coming together is a beginning. 함께 만나는 것은 바로 시작을 의미하며,

Keeping together is progress. 함께 하는 관계를 유지하는 것은 곧 진보이며,

Working together is success. 함께 일하는 것은 성공을 보장한다.

• 헨리 포드(Henry Ford)

문제의 제기

1부에서는 공학기술과 팀워크가 어떻게 관련되는지, 그리고 팀워크의 기초가 되는 이론을 개념적으로 탐구하고자 하며, 기본적 학습 문제는 다음과 같다.

❶ 우리 생활에서 공학은 어떻게 적용되고 있으며, 과학과 공학은 어떻게 구별될 수 있는가?

❷ 공학에서의 핵심인 공학설계의 개념과 설계 과정은 어떠한 방법론을 가지고 있으며, 소비자 요구 수준이 어떻게 설계에 영향을 끼치는가?

❸ 공학기술에서 팀워크가 왜 필요한가? 그리고 미래 공학교육의 패러다임에서 팀 워크는 어떤 역할을 하는가?

❹ 팀의 의미가 무엇인가? 왜 필요한가? 어떠한 효과를 기대할 수 있는가?

❺ 학습 팀으로서의 유형은 어떻게 분류되며 그 특징은 무엇인가?

❻ 팀은 어떠한 발달 과정을 거치며, 그 특징은 무엇인가?

1 공학기술과 팀워크

주요개념

■ 공학(engineering), 공학설계(engineering design),
설계과정(design process) 공학기술과 팀워크

1. 공학이란

우리의 주변에는 수많은 공학적 산물들이 자리 잡고 있다. 너무 많은 공학적 제품이나 구조물, 시스템 등이 있기 때문에 일일이 그것들을 지각하지 못한다. 기계공학과 교수인 코엔(1984)은 공과대학 1학년 학생들에게 다음과 같은 네 가지 질문을 던져보았다(Smith, 2004).

첫째, 여러분이 앉아 있는 방 안에서 공학자에 의하여 설계되고, 만들어지고, 전달되지 않은 것을 한 가지라도 말할 수 있는가(물론 당신 자신을 제외하고)?

코엔의 질문은 보통 당황한 침묵으로 받아들여진다. 이러한 질문을 1학년 학생들에게 던지면, 몇 가지 위대한 대답을 한다. 곧 공기(그러나 그것은 어떻게 방안으로 들어왔는지), 때(사람들의 신발에 의해서 더럽혀진),

전자기파(그러나 빛은 많은 것을 발생시킨다). 우리가 직면한 거의 모든 것은 공학자들에게 설계되고, 만들어진 것이다.

결과적으로 이 세상의 사물은 두 가지로 나누어진다. 공학적 산물인 기술적 제품과 생명체가 주를 이루는 자연물이다. 인공적 산물인 기술적 제품이나 시스템은 모두가 공학적 활동의 결과이다. 공학이 우리의 생활에서 멀리 떨어져 있는 것이 아니라 우리의 삶과 매우 밀접하게 공존하고 있는 셈이다.

둘째, 직업에 종사하는 사람 가운데 공학적 기술과 도구의 혜택을 활용하지 않는 어떤 직업이 있을 수 있는가?

정치가는 공학 기기의 도움 없이 그들의 생각을 전달하기 힘들고, 의사는 그들의 의료 공학적 도구 없이 도저히 일을 할 수 없으며, 변호사는 컴퓨터 없이 정보를 수집하기가 어려울 것이다. 모든 직업에서 사용하는 통신기기, 컴퓨터, 기계 등의 공학적 제품과 산물들은 현대인의 직업 생활 유지에도 지대한 영향을 미친다.

셋째, 공학이 명확히 매우 중요하기 때문에, 기술적인 여러 문제를 해결하기 위한 공학적 방법을 이제 정의할 수 있는가?

많은 학생들은 마치 공정하지 못한 질문을 한 것처럼 놀라 질문자를 바라볼 것이다. 학생들은 이 질문에 대한 대답으로 "과학적 방법이란 무엇인가?"에 대하여 "응용과학", "문제해결", "시행착오" 같은 낱말을 나열하기도 하지만 "설계(design)"라고 대답하는 학생은 거의 한 명도 찾기가 힘들다.

그러나 공학자들에게 공학적 방법이 무엇인가라는 묻는다면, 많은 공학자들은 "공학은 설계(Engineering is Design)"라고 대답할 것이다.

일반적으로 말해 설계는 공학의 핵심적 구성요소이다. 소비자들의 손에서 제품이나 시스템의 새로운 요구와 목표를 확인하는 것으로 시작하여 일차적으로 과학적 접근의 탐구 과정보다는 공학 시스템적 접근이 설계 과정과 밀접한 관련을 맺는다. 다른 무엇보다도 설계는 과학으로부터 공학을 구별하게 해주는 핵심적 창작 활동이다.

TEAMWORK TIP	공학이란 • 공학은 열정이고, 호기심이고, 바람이다. A. R. Edie

TEAMWORK TIP	관리자(managers)는 올바르게 일을 하는 사람들이고, 리더(leaders)는 올바른 일을 하는 사람들이다. Bennis & Nanus

2. 공학설계(engineering design)

만약 설계가 공학의 핵심이라면, 다음 질문의 설계란 무엇인가? 여러 사람들이 설계라는 용어를 떠올릴 때에 생각하는 것은 과연 무엇인가? 자동차와 같은 것의 제품 설계, 건축 설계, 극장 무대 설계, 컴퓨터 인터페이스 설계 같은 것을 생각하는가?

공학기술인증협회(The Accreditation Board for Engineering and Technology)에서는 공학 프로그램 인증과 관련하여 공학설계를 "바람직한 요구를 충족시키기 위하여 시스템, 구성요소, 절차를 고안하는 과정"이라고 정의하고 있다(ABET, 2000).

공학설계 과정을 주의 깊게 관찰하는 연구자들은 놀랍게도 실제 설계는 교재에서 기술하고 있는 정상적 과정과는 아주 다르다는 사실에 주목한다.

공학설계에 대한 최근의 연구는 설계가 우리가 생각하는 것 이상의 사회적 활동이라고 지적한다. 스탠포드 설계 연구소의 레리 레이퍼(1997)는 공학설계는 "요구를 확인하고, 문제를 정의하고, 문제해결을 위한 사람들의 역할 수행 계획을 구체화하는 사회적 과정"이라고 정의한다. 그의 연구는 설계는 기본적으로 사회적 활동이라는 사실을 밝히고 있다. 그는 설계가 '이해의 협상', '애매모호함의 보존', '수용을 위한 공학적 커뮤니케이션의 익숙함', '보통 표현의 조작'과 같은 역할을 수행한다고 설명한다. 만약 설계가 공학의 심장이고, 사회적 과정이라고 한다면, 공학은 팀워크와 프로젝트 관리가 핵심이 되는 것이다. 열악한 팀 역할과 무능력한 프로젝트 관리는 많은 공학적 문제들을 낳는다(Smith, 2004).

공학설계는 인류의 요구에 대하여 적합한 결과를 창출하는 체제적 과정이다. 설계는 공학의 핵심적 활동이다. 따라서 설계과정(design process)은 다양하고 복잡한 문제와 요구를 해결하는 데 적용된다. 예를 들어 기계공학자는 보다 효과적이고 효율적인 잔디 깎는 기계를 개발하는 것을 설계과정에 적용하고, 전자공학자는 가벼운 통신 장치를 개발하는 것을 설계과정에 적용하고, 재료공학자는 우주인이 지구의 대기권에 재진입할 때 고온에 견디는 물질을 개발하는 것을 설계과정에 적용할 것이다.

오늘날 첨단 기술 사회에서 단일한 학문보다는 여러 학문적인 전문성을 필요로 하는 공학적 문제가 많아지고, 그 과정에서 공학자, 과학자, 환경학자, 경제학자, 사회학자, 법률전문가 등 관련 전문가들의 팀 작업은 매우 중요하다.

설계(design)의 간단한 정의는 '구조화된 문제해결 활동'이고, 과정(process)은 바람직한 결과를 이끄는 단계별 변화이다. 이 두 단어 모두 바람직한 결과를 위하여 절차적이고 체계적으로 접근해야 한다는

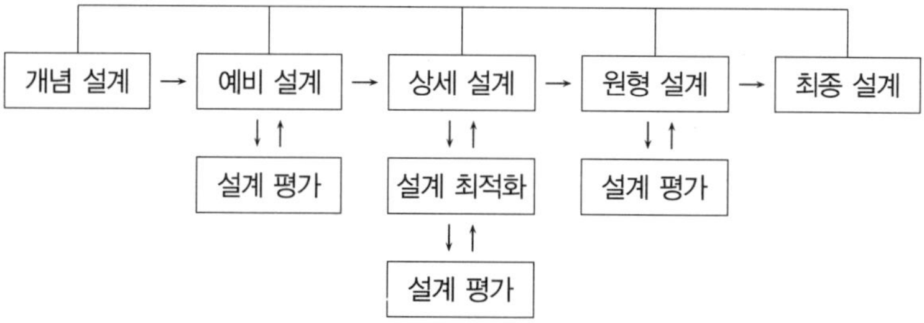

[그림 1-1] 공학설계 영역의 흐름도

아이디어를 제안한다. 본래 설계과정은 계속적이고 순환적인 특성이 있다(Eide, Jenison, Mashaw, and Northup, 2002).

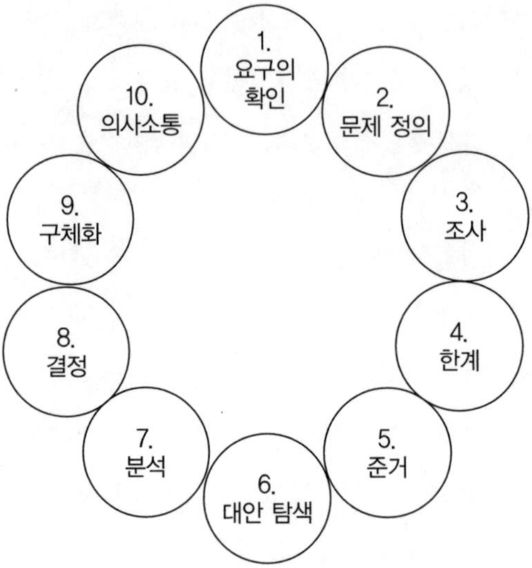

[그림 1-2] 순환적 설계과정

여기서 설계 영역을 보다 구체화하면 개념 설계(단계 3, 단계 4), 예비 설계(단계 5), 상세 설계(단계 9), 원형 설계, 최종 설계(단계 10)로 구체화할 수 있다.

설계 과정의 수행 결과로는 새로운 제품, 과정, 시스템이 개발될 것이다. 이러한 과정은 소비자의 필요와 요구로부터 출발한다. 따라서 최종적인 설계는 소비자들의 요구 조건을 충족해야 하며, 그렇지 못할 경우에 그 설계는 받아들여질 수 없을 것이다(Eide, Jenison, Mashaw, and Northup, 2002).

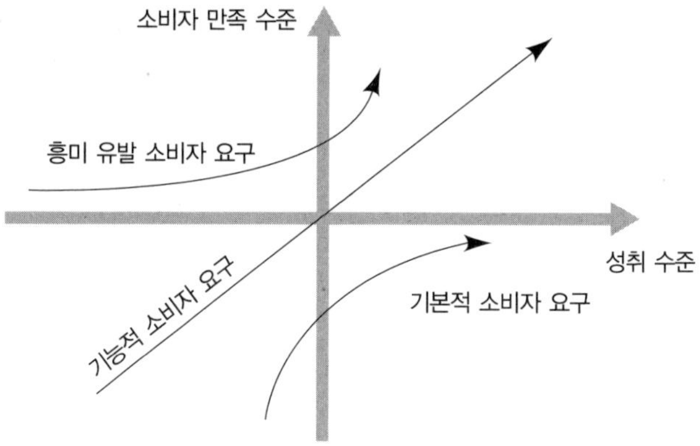

[그림 1-3] 소비자들의 만족과 관련된 요인

위 그래프에서 X축은 성취의 수준이고, Y축은 소비자의 만족 수준을 뜻한다. 이 그래프에서 보면 1) 제품의 기본적인 소비자 요구 2) 제품의 기능적 소비자 요구 3) 제품의 흥미 유발 소비자 요구의 세 가지가 있다.

예를 들어 바비큐 그릴을 설계한다고 하면, 제품의 기본적인 소비자 요구는 단순히 현재 있는 성공적인 전기 바비큐 그릴로도 만족시킬 수 있다. 하지만 제품의 기능적 소비자 요구는 새로운 제품을 요구한다고 볼 수 있다. 요리 시간, 요리 효율, 보다 손쉬운 제어 시스템, 청소의 용이함 등 기능적 측면의 새로운 요구가 있을 것이다. 그리고 제품의 흥미 유발 소비자 요구는 소비자의 기대나 상식을 넘어서는 기발한 제품 특징을 포함할 수 있으며, 그런 특징을 가진다면 매우 높은 수준의 구매를 기대할 수 있다. 이것은 소비자들이 미처 기대하지 못한 보너스와도 같다. 예를 들어 가격은 높아지겠지만 요리 과정에서 온도 변화에 따른 요리 프로그래밍과 같은 기능을 적용한 경우이다.

그래프에서 알 수 있듯이 소비자의 기본적 요구는 최소한의 충족 조건이며, 기능적 요구는 의미 있는 요구 수준이고, 흥미 유발 요구는 소비자의 만족을 증대시키며, 이러한 제품 특징은 첨가될수록 소비의 질을 더욱 높일 것이다.

3. 공학과 팀워크

유명한 경영 컨설턴트 워싱턴대학 심리학과 교수 키스 소여는 『그룹 지니어스』라는 책에서 아이디어는 협력할 때 생긴다는 주장과 증거를 제시하고 있다. 프로이트의 정신분석, 아인슈타인의 물리학, 톨킨의 『반지의 제왕』 역시 동료와의 협업의 소산이라고 말한다. 저자는 창조적 팀이라면 다음과 같은 특색이 있다고 주장한다.

1. 혁신을 위한 충분한 시간적 여유를 갖는다.
2. 상대방 말을 경청한다.
3. 서로 조언하며 아이디어를 발전시킨다.
4. 작은 아이디어에서 출발한다.

보스턴과 실리콘밸리의 운명이 달라진 것은 협력 네트워크의 중요성을 잘 증명하고 있다. 1980년대에 보스턴에서는 컴퓨터 산업이 발전했다. 하지만 1990년대 들어 쇠락의 길을 걷게 된다. 이 지역 기업들은 직원들이 다른 회사와 함께 정보를 공유하는 것을 허락하지 않았다. 외부인들과의 정보를 공유했다가 회사로부터 소송을 당했을 정도다. 반면 실리콘밸리의 엔지니어들은 레스토랑과 카지노에서 서로 어울려 궁금증을 해소하고 아이디어를 공유했다. 이곳엔 도급제와 파트너십을 통해 관계를 맺은 소규모 기업들의 네트워크가 자리 잡고 있었다. 이런 협력 네트워크 덕분에 실리콘밸리가 번성했다는 것이 저자의 결론이다.

1876년 에디슨은 뉴저지 멘로 파크(Menlo Park)에서 15명의 발명팀을 구성했다. 이 팀은 1887년까지 전구를 포함하여 400개 이상의 특허를 내는 성과를 거두었다. 에디슨의 팀에서는 한 분야에 있는 거의 모든 지식을 한 사람이 소유하고 있어 신제품 개발을 위한 연구, 개발, 설계, 제작의 모든 영역을 다 다루었다. 오늘날에는 기술이 더욱 고도화, 정교화되어 있기에 한 사람이 하나의 장치나 과정의 복잡한 모든 것을 알기란 불가능하다. 따라서 시스템 공학의 개념이 도입되어 기술적 문제들은 기술적인 공학 팀이 연구하고 해결한다(Eide, Jenison, Mashaw, and Northup, 2002).

공학의 실천에서 팀워크는 매우 중요하다. 팀워크와 프로젝트 관리는 공학의 핵심이다. 프로젝트를 조직하고 관리하고, 그리고 프로젝트 그룹에 효과적으로 참여하는 방법을 학습하는 것은 공학도에게 중요할 뿐만 아니라 장차 전문적 공학자로서 성공하는 데도 결정적인 역할을 한다. 팀워크에 대한 강조는 전혀 새로운 것이 아니다.

공학기술에서 팀워크의 중요성이 커지는 것은 단순히 고용주들의 요구만이 아니다. 이는 실천 및 협동학습에 관한 공학교육 연구를 하는 공학기술인증협회(ABET)에서도 강조하고 있는 사항이다. 공학인증을 받기 위하여 공학 관련 학과들의 모든 졸업생들은 아래의 11개 기능과 능력을 가져야 한다(ABET, 2000).

1. 수학, 과학, 공학 지식을 응용할 수 있는 능력
2. 실험 설계 및 수행 능력과 데이터의 분석과 추론 능력
3. 바람직한 요구를 충족하기 위한 시스템, 구성요소, 과정을 설계할 수 있는 능력
4. 구성원들의 학문적 배경이 다양한 팀에서 일할 수 있는 능력
5. 공학적 문제를 확인, 조작, 해결할 수 있는 능력
6. 전문적 윤리적 책임의 이해
7. 효과적으로 의사소통을 할 수 있는 능력
8. 지구와 사회적 맥락에서 공학적 해결 결과의 영향을 이해하기 위한 광범위한 교육
9. 평생 학습에 대한 요구 인지와 참여할 수 있는 능력
10. 시사적 쟁점에 대한 지식
11. 공학적 실천을 위하여 필요한 기술, 기능, 새로운 공학 도구의 사용 능력

우리 모두가 알고 있는 것처럼 공학교육과 실천에서 팀워크는 매우 중요한 항목이다. 공과대학을 졸업한 학생들은 다른 사람들과 함께 일하는 기술을 개발해야 한다. 최근의 공학교육에서는 시스템을 강조한다. 시스템은 따로 독립되어 떨어질 수 없는 전체이다. 시스템은 구

체화된 최종 목표 도달을 위하여 함께 수행해야 하는 부분의 집합체이다. 시스템 접근은 단순히 전체 시스템과 그들 요소 간의 사고 방법이다.

이 시스템은 학습조직을 통해 잘 수행할 수 있다. 피터 센게(Senge, 1990)는 학습조직의 기술과 실제로서 1) 비전의 공유와 형성 2) 개인의 숙달 3) 정신적 모델 4) 팀 학습 5) 시스템적 사고의 다섯 가지를 제시하고 있다(Smith, 2004).

새로운 패러다임으로 공학교육에서 고려해야 할 사항으로 MIT에서 제시한 내용은 다음과 같다(Dertouzos, Lester, and Solow, 1989, in Smith, 2004).

1. 과학, 기술, 인문학 등의 광점위한 교육 접근에 기초하여 생산성, 실제 문제해결력, 팀워크, 다른 나라 사람들의 문화, 기관, 비즈니스 등을 좀 더 교육시킬 필요가 있음.
2. 공학교수와 학생들이 새로운 뼈대 창조: 1) 사회적, 경제적, 정치적 관심, 지식, 그리고 문제해결, 2) 새로운 제품, 과정, 시스템을 창조할 수 있는 팀 구성원으로서의 수행 능력, 3) 단일 학문의 범위를 뛰어넘어 효과적으로 수행할 수 있는 능력, 4) 실제적 지식, 수공적(hands on) 경험, 실험적 기술과 통찰을 가지고 과학과 기술의 심오한 이해를 통합해야 함.
3. 팀 프로젝트, 실천 문제해결, 국제문화의 이해 등을 포함한 교과목의 개정이 필요함.

여기서 보면, 공학교육에서 팀워크, 팀 프로젝트가 중요한 학습 조직이며 동시에 공학적 방법론이 된다는 것을 확인할 수 있다.

비록 지난 십여 년 동안 공학교육이 졸업자들의 기술과 능력에 중점을 두어왔지만, 이제는 새로운 패러다임으로 공학교육을 시도할 때다. 스미스와 월러(Smith & Waller, 1997)는 다음 표와 같은 새로운 패러다임을 제시하였다(Smith, 2004).

[표 1-1] 21세기 공학교육의 새로운 패러다임

	20세기	21세기
지식	교수가 학생에게 전달	교수와 학생의 밀접한 지식 구성
학생	교수의 지식을 채우는 수동적 그릇	지식의 구성자, 발견자, 변형자
학습의 유형	암기	관계
교수의 목적	학생을 분류	학생들의 능력과 재능을 개발
학생의 목적	전공 안에서의 요구와 자격 획득	광범위한 학문 세계에 대한 평생교육의 관심과 성장
관계	교수-학생 사이, 학생들 사이의 비인간적 관계	교수-학생 사이, 학생들 사이의 상호교류적 관계
맥락	경쟁/개별	협동학습, 교수간의 협력 팀
강의실 문화	동조/문화적 단일성	다양성과 개인적 존중/문화적 다양성과 공동체
능력	교수가 주도권 소유하고 통제	학생들의 학습권 강화
평가	규준지향평가/상대평가 수업 후 결과평가	준거지향평가/절대평가 수행 및 포트폴리오 등의 과정지향평가
지식의 방법	논리-과학적	이야기

	20세기	21세기
인식	사실과 암기	구성, 탐구, 발명
기술 활용	연습과 실습, 교과서	문제해결, 의사소통, 협력, 정보 접근과 표현
교수의 가정	어느 전문가든 가르칠 수 있음	교수는 복잡하고 주목할 만한 훈련이 필요함

자료: Smith & Waller(1997)

여기서도 보면 관계에서는 비인간적 관계에서 협력적 관계로, 맥락에서는 경쟁/개별에서 협동학습과 교수 간의 협력으로, 기술 활용에서는 연습과 실습에서 문제해결, 의사소통, 협력이 중요한 패러다임으로 대두되고 있음을 알 수 있다.

특별히 협력의 관점에서 20세기와 21세기의 패러다임 비교는 [표 1-2]에 잘 정리되어 있다(Smith, 2004).

[표 1-2] 협력에 관점에서 본 20세기와 21세기의 비교

특성	20세기	21세기
조직	피라미드	웹 또는 네트워크
집중경향	내부	외부
스타일	구조화	융통성
힘의 원천	안정성	변화
구조	자기충족	상호의존
자원	물질-물리적 자산	비트-정보
조직 수행	수직적 통합	가치 통합
생산물	대중생산	대량맞춤(Mass Customization)

특성	20세기	21세기
범위	국내	글로벌
재정	분기별	실시간
투자	월별	시간 단위
전략	상의하달식	하의상달
리더십	지시적	감화(영감)
작업자	고용자	고용자와 자유계약
작업 기대	안전	개인 성장
동기	경쟁(to compete)	구성(to build)
개선	증가	혁신
작업 질	절충가능한 최선	절충안이 없음

자료: Byrne, 2000.

이러한 패러다임 전환을 위하여 공학기술에서 팀워크는 매우 중요하고도 핵심적인 학습 조직인 셈이다. 결국 공학기술자는 다양하고 수많은 프로젝트를 수행하며 팀워크는 프로젝트의 성공과 직결된다. 따라서 공학교육 차원에서 학생들의 팀워크의 기술인 팀워크 이론, 의사소통능력, 갈등해결, 문제해결, 리더십 등을 이해하고 실천하는 것이 매우 중요하고 이러한 능력을 많이 소유한 학생들이 더욱 경쟁력을 갖추게 된다.

2 팀워크의 이론적 기초

주요개념

■ 팀(team), 팀 효과, 팀의 유형, 팀의 발달과정

1. 팀의 의미

팀은 우리가 생활에서 흔히 사용하는 용어이다. 그래서 사용하는 사람마다 팀이라는 용어에 대한 이해가 서로 다르며, 팀워킹(team working)과 혼용하여 사용하기도 한다. 그러나 보다 과학적으로 접근해보면 팀은 하나의 도구이며, 다음과 같이 정의할 수 있다.

> 팀은 공동의 목표에 근거한 의미 있는 결과를 도출하기 위하여 그들의 개인적 기술과 능력을 조화롭게 혼합하여 모든 책임을 공유하면서 함께 일하는 사람들의 집단이다(Bagulary, 2003).

이 정의에서 보면 팀에는 공동목표, 바람직한 결과 추구, 각 개인 능력의 조화, 책임 공유, 공동 작업 등의 핵심 요소가 있다는 사실을

알 수 있다.

따라서 팀을 렌즈로 비유하면 다음과 같은 그림이 그려질 수 있다.

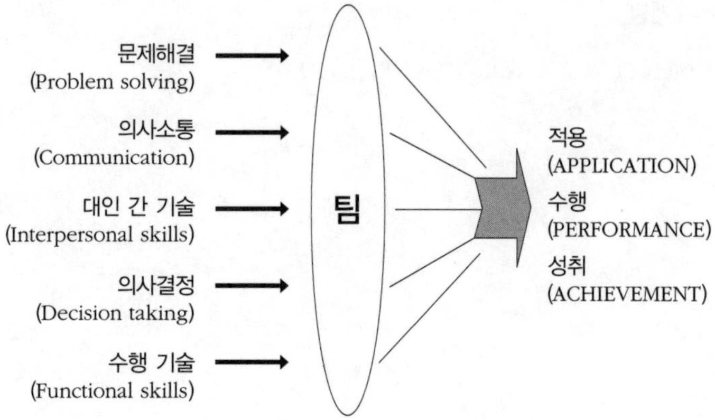

[그림 2-1] 렌즈와 같은 팀의 개념

그림에서와 같이, 문제해결, 의사소통, 대인 간 기술, 의사결정, 수행 기술의 요소들이 팀이란 렌즈를 통과해가면서 적용, 수행, 성취 등의 결과를 이끄는 활동이 됨을 알 수 있다. 따라서 팀에는 팀 수행에 필요한 문제해결, 의사소통, 의사결정 등의 기술이 동반되어야 한다. 한편으로 학습조직 차원에서는 팀 활동에서 이러한 기술들을 적용하거나 반복함으로써 기술 개발을 도모할 수 있을 것이다.

흔히 팀은 프로젝트와 관련하여 사용하고, 집단은 학습조직의 차원에서 말하고 있지만, 이를 엄격히 구분하기는 힘들다. 모든 집단이 팀이 되는 것은 아니다. [표 2-1]은 단순한 작업 집단과 팀과의 차이를 잘 설명해주고 있다(Smith, 2004).

[표 2-1] 작업 집단과 팀의 비교

작업 집단(working group)	팀(team)
강하고 명백히 집중된 리더	공유된 리더십 역할
개별적 책무	개별 및 공동 책무
집단의 목적은 광범위한 조직의 임무와 동일	팀 스스로 전달받은 구체적 팀의 목적
개별적 작업 수행	협력적인 작업 수행
효율적인 회의 수행	개방적 토의와 실제적 문제해결 회의 독려
다른 사람들의 영향에 의한 간접적 효과성 평가	협력적인 작업 수행을 평가하는 데 직접적인 수행 평가
토의, 결정, 지시적 위임	토의, 결정, 실제로 공동 작업

자료: Katzenbach & Smith(1993)

2. 왜 팀워크인가

오늘날 많은 기업, 연구소, 정부에서도 팀 체제로 전환하고 있다. 왜 이처럼 팀 체제로 변화를 하고 있는가? 한 조사연구(Wellins, Willson, Katz, Laughlin, and Day, 1990)에서는 자기주도적 팀으로 전환하는 일차적 이유를 다음 표와 같이 분석했다(Wellins, Byham, & Willson, 1991). 표에서 살펴보면 팀 체제로의 전환은 품질 개선, 생산성 확대, 조직 수행비 절감, 직무 만족 등이 주된 이유이다.

[표 2-2] 자기주도적 팀으로 전환하는 일차적 이유

일차적 이유	응답율(%)
품질	38
생산성	22
조직 수행비 절감	17
직무 만족	12
재구조화	5
기타	6

팀이 이점이 많다는 사실은 많은 학자들이 한결같이 주장하고 있는 것이다. 웰린스, 바이햄, 윌슨(Wellins, Byham, & Willson, 1991)은 오늘날 팀으로서의 체제 변화에서 오는 이점을, 스튜어트, 만즈, 심스 주니어(Stewart, Manz & Sims, Jr, 1999)는 팀워크의 이점을 다음 표와 같이 제시하고 있다.

[표 2-3] 팀의 이점

웰린스, 바이햄, 윌슨의 팀 체제 변화 이점	스튜어트, 만즈, 심스 주니어의 팀워크의 이점
• 품질, 생산성, 서비스의 향상	• 생산성 증대, 개선된 품질
• 보다 확장된 융통성	• 조직 적응력과 융통성 증대
• 감소된 조직 수행 비용	• 비용 절감
• 훌륭한 작업자의 보유 능력	• 작업자의 직무 수행 능력 증대
• 기술변화에 대한 빠른 적응	• 혁신의 증가
• 새로운 작업자 가치의 보다 나은 수용	• 전직, 이직률 감소
	• 갈등 감소
• 소수, 단순한 직무 분류	

즉 팀 체제에서 이점은 품질과 생산성 증대, 조직의 융통성 확보, 비용 절감, 작업자의 능력 제고, 기술 혁신과 적응력 등의 결과를 창출할 수 있다는 것이다. 따라서 공학기술 분야에서의 팀은 기업에서 매우 중요한 일의 수행 단위이자 혁신의 조직임을 알 수 있다.

한편으로 왜 팀 체제가 필요한지는 팀 효과를 통해서도 확인할 수 있다. 많은 연구를 종합하면, 교실에서든지 일의 현장에서든지 모두 가장 효과적인 팀의 특성을 다음과 같이 제시하고 있다(Smith, 2004).

- 긍정적 상호의존성(positive interdependence)—팀은 공동 목표 또는 한 가지 결과를 추구한다.
- 개인 및 집단의 책무성(individual and group accountability)—팀 구성원은 자신의 일뿐만 아니라 팀의 작업에 대해서 책임감을 갖는다.
- 촉진되는 상호작용(promotive interaction)—팀 구성원은 실제로 면대면(face to face)으로 작업을 한다.
- 팀워크 기술(teamwork skills)—팀 구성원은 효과적인 의사소통(특히 경청능력), 의사결정, 문제해결, 갈등관리, 리더십 등의 기술을 가지고 있어야 한다.
- 집단 과정(group processing)—팀은 정기적으로 얼마나 잘 수행되고 있는지, 문제해결이 잘 되고 있는지를 점검하여 함께 성찰할 수 있어야 한다.

공학기술의 현장이나 공학교육의 실천 현장에서 팀은 자연스러운 현상이 되고 있다. 이러한 연구들을 종합할 때 팀 수행능력을 계발하는 기본 과제는 다음과 같다(Katzenbach & Smith, 1994, in Smith, 2004).

- 팀의 중요하고 긴급한 목표와 방향을 확립한다.
- 개인적 친숙한 관계가 아닌 기술과 잠재적 능력에 기초하여 팀 구성원을 선발한다.
- 첫 번째 팀 모임과 실천에 매우 주의를 기울인다.
- 팀 행동의 명확한 규칙을 확립한다.
- 신선한 정보와 함께 정기적으로 팀 구성원들에게 도전 과제를 준다.
- 함께 있는 시간을 많이 보낸다.
- 긍정적 피드백, 보상을 공공연하게 수행한다.

효과적인 팀을 정의하는 데에는 수많은 논의들이 있다. 그러나 대체로 다음과 같은 효과적인 팀의 특성을 열거할 수 있다(Smith, 2004).

적극적 참여	공동 목표
존중	목적의 지각
주의 깊은 경청	촉진적 만남
리더십	역량 있는 팀 구성원
건설적으로 관리되는 팀 갈등	책임감을 가진 팀 구성원
즐거운 과제 수행	효과적인 의사결정

결국 공학기술에서 팀 체제의 성공적 수행이 보다 큰 이점과 효과가 분명히 나타나도록 할 것이다.

3. 학습 팀의 유형

카첸바크와 스미스(Katzenbach & Smith, 1993)는 네 가지 범주로 다양하게 수행되는 팀에 대하여 연구했다(Smith, 2004).

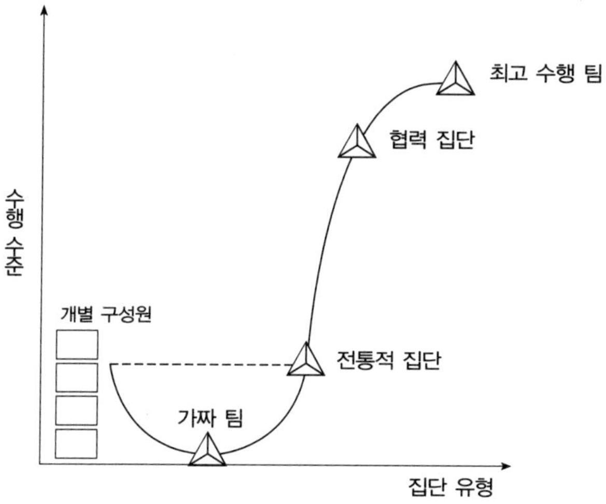

[그림 2-2] 학습 팀의 유형

가짜 팀(pseudo team)—평균 이하의 팀 구성원들이 수행하는 팀

잠재력이 있는 팀(potential team)—평균적인 팀 구성원에 근접하여 수행하지만, 아주 잘 수행하지 못하는 팀

실제적 팀(real team)—과제를 아주 잘 수행하는 팀

최고 수행 팀(high-performing team)—기대 이상의 과제를 수행하는 월등한 팀

○가짜 학습 팀(pseudo learning team)

이 팀은 함께 일을 하고 있지만 그렇게 일하는 것에 대해 흥미가 없는 팀이다. 그들은 서로 다른 평가를 받는다고 믿고 있고, 때로는 정보를 서로 숨기고 있으며, 갈등이 야기되고, 리더가 잘못 이끄는 경우가 발생하고, 서로의 학습에 방해나 장애가 되기도 한다. 이러한 학생들은 차라리 혼자 학습하는 편이 나을 것이다.

○전통적인 학습 소집단(traditional classroom learning group)

팀 구성원에게 과제가 부여되지만 아주 작은 부분의 일만 함께 한다. 이들은 그룹의 구성원으로서가 아닌 개인으로 평가되거나 보상받는다고 생각한다. 그래서 각자의 일이 어떻게 수행되었는지를 명확하게 한다. 그들은 서로의 정보를 요구하지만 동료를 가르친다는 동기를 가지고 있지 않다. 협력과 공유가 최소한으로 일어나며, 팀 전체의 수행능력은 어떤 학생에게는 잠재능력 이상이 되기도 하지만, 집중력이 높은 학생들은 개인적으로 더 나은 성취를 가져올 수도 있다.

○협동학습 집단(cooperative learning group)

이 팀은 함께 일을 부여받고 복잡한 과제와 다양한 관점이 요구되는 과제를 수행하며, 구성원들은 그 과제들을 반드시 수행한다. 그들

은 팀의 성공이 개인의 성공이라고 믿고 있으며, 긍정적인 생각과 상호의존이 크다. 이 팀은 공동목표를 갖고, 개별적 책무를 잘 수행하고 있으며, 면대면 상호작용이 활성화되며, 팀 계발 기술과 리더십이 강조되고, 과제 수행결과를 얼마나 효과적으로 잘 수행했는지를 평가한다. 이러한 특징으로 학습과 질과 팀워크 과정의 지속적인 개선이 이루어진다.

○최고 수행 협동학습 집단(high performance cooperative learning group)

이 팀은 협동학습 집단의 모든 조건을 만족한다. 협동학습 집단과 다른 점은 각 팀 구성원의 과제 수행과 집단의 성공 수준이다. 이 팀은 정서적으로 매우 강한 애착을 갖고 있으며, 서로를 신뢰할 뿐만 아니라 존경한다. 팀 구성원의 서로에 대한 관심은 최고의 수행 결과를 낳게 한다. 기대 이상의 결과뿐만 아니라 즐거움을 주는 과제를 수행한다.

카첸바크와 스미스는 이렇게 분류한 다음 실제적 팀과 최고의 팀의 공통적 특성을 조사하였다. 모든 실제적 팀에는 상호 책임감을 가지며 공동 목표, 수행 목표, 접근을 하는 보조적 기술을 가진 소수의 사람들이 있다. 최고의 팀에는 실제적 팀의 모든 조건을 충족시키고, 다른 사람들의 개인적 성장과 성공에 깊이 관여하는 팀 구성원이 있다는 점이 다르다(Smith, 2004).

[표 2-4] 팀 문화의 변화

From	To
지시	안내
경쟁	협력
규칙에 의존	과정에 초점
조직적 위계를 활용	네트워크를 활용
일관성/동일성	다양성/융통성
비밀	개방성/공유
수동적	위험의 도전
분리된 결정	다른 사람과 관련
인력을 비용으로 따짐	인력을 자산으로 따짐
결과적 사고	과정적 사고

자료: McNeill, Bellamy, and Foster, 1995.

TEAMWORK TIP

최고의 팀을 위한 팁

- 팀은 단순히 작업 그룹과 구별된다는 사실을 인식하기
- 팀은 결과 그 자체가 아니라 어떤 것을 성취하기 위한 도구이고 수단임을 인식하기
- 실제 팀은 2+2=5 혹은 그 이상이라는 것을 기억하기
- 팀 수행에서
  - 팀과 팀 구성원에게 최선을 다하기
  - 함께 일하고, 협력하기
  - 공유할 수 있고 의미 있는 결과 창출하기

Phill Baguley

4. 팀의 발달과정

팀의 발달과정은 일반적으로 형성기(forming), 격동기(storming), 규범기(norming), 수행기(performing), 휴지기(Adjourning)의 5단계로 요약될 수 있다(Tuckman, 1965, in Stewart, Manz & Sims, Jr, 1999). 그러나 학자에 따라 휴지기를 제외한 4단계로 제시하기도 한다. 비록 많은 팀들은 이 다섯 단계를 시간적으로 겪지만, 팀에 따라 어느 한 단계를 건너뛰기기도 한다. 또한 팀마다 각 단계에서 지속 시간이 다르게 나타난다. 극단적으로 이러한 절차를 거치지 않은 팀도 있을 수 있다. 그렇지만 팀 발달의 기본 다섯 단계는 팀 발달과정을 기본적으로 이해하기에 충분한 이론이다. 이러한 팀의 발달과정은 기대, 동화, 수용의 사회화의 과정과 관련지어 설명할 수 있는데, 다음 그림은 팀의 다섯 가지 발달 단계와 사회화 과정을 함께 제시한 것이다.

팀의 발달

형성기 → 격동기 → 규범기 → 수행기 → 휴지기

기 대 → 동 화 → 수 용

사회화

[그림 2-3] 팀의 발달과 사회화 과정

1) 형성기

팀 발달의 첫 번째 단계는 형성의 단계이다. 형성기는 집단에서 각 개인이 처음 만날 때 이루어지며 각 개인은 팀 구성원에 대한 인식을 처음으로 시작하는 단계이다. 초기의 단계는 염려의 단계로 나타난다. 팀 구성원은 다른 구성원들이 자신에게 어떻게 반응할지 확실하게 알 수 없다. 정확히 말하자면 팀 구성원은 자신에게 기대하는 것이 무엇인지, 팀의 과제를 어떻게 성취하고 진행할지에 대하여 주저하고 있을 것이다(Stewart, Manz & Sims, Jr, 1999).

첫 단계에서의 모든 개인은 일반적으로 최상의 행동을 하지만, 거기에는 서로의 신뢰와 편안함을 막는 주목할 만한 긴장이 있다. 이러한 긴장은 팀 구성원이 함께 일하면서, 그들 사이에 정보를 서로 공유하면서 해소된다.

대체로 첫 단계에서 다음과 같은 중요한 질문을 하게 된다(Bagulary, 2003).

- 우리는 왜 여기에 있는가?
- 수행할 내용은 무엇인가?
- 우리는 함께 일을 할 수 있는가?
- 어떻게 그것을 성취할 수 있는가?
- 어떻게 일을 조직해야 하는가?
- 이 팀에서 내가 무엇을 할 수 있는가?

또한 이 단계에서의 좋은 징후와 나쁜 징후는 〔표 2-5〕와 같다. 첫 번째 형성 단계에서 좋은 징후는 많은 대화, 개방적이고 신뢰감 있는 토의, 친해지려는 노력 등이다. 결국 첫 단계에서는 첫 만남의 사회적 접촉이 중요하며 침묵은 최악의 징후이다.

[표 2-5] 형성기 단계에서의 좋은 징후와 나쁜 징후

나쁜 징후	좋은 징후
• 사회적인 대화가 부족하다. 침묵은 최악의 경우이다.	• 많은 대화와 잡담
• 보호적, 중립적, 사려 깊은 집단 토의	• 개방적이고 신뢰감 있는 토의의 시작
• 과제나 팀의 실제적 접근의 증거가 빈약함	• 친해지는 것

자료: Bagulary, 2003.

2) 격동기

팀의 격동기 단계에서는 흔히 팀 구성원 간의 갈등이 나타난다. 이 단계에서 팀 구성원 간의 의견 불일치와 논쟁이 시작된다. 이 단계에서는 팀 일원으로서 개인적 욕망을 자제할 줄 아는 자세가 필요하다.

격동기 단계에서 나타나는 갈등은 바람직하지 않지만, 팀 과정을 관찰하는 연구자들은 개인적 문제를 초월한 쟁점을 중심으로 한 갈등 상황은 팀에 도움을 주는 측면이 있다고 보고하고 있다. 팀 구성원들은 거의 항상 의견 불일치를 보인다. 적절한 갈등 상황은 타협의 과정으로 이끌 수 있다. 갈등 상황이 거의 초래되지 않는다면 문제에 대한 해결 없이 개인적 견해 차이를 무시하고 넘어가는 결과를 낳는다. 그러나 너무 많은 갈등은 그 갈등이 영구적인 갈등으로 발전하여 팀에 치명적 결함을 주게 된다(Stewart, Manz & Sims, Jr, 1999).

이 단계의 좋은 징후는 긍정적 갈등 문제해결 노력, 서로 다른 견해의 수용 등이고, 문제를 간과하거나 도피하는 것은 나쁜 징후이다.

[표 2-6] 격동기 단계에서의 좋은 징후와 나쁜 징후

나쁜 징후	좋은 징후
• 팀 문제를 간과하는 시도	• 긍정적 갈등과 문제해결 추구 노력
• 비현실적인 기대	• 서로 다른 견해를 수용하는 태도
• 현실도피	• 과제와 문제에 대한 현실주의

자료: Bagulary, 2003.

3) 규범기

대부분의 팀은 격동기 단계를 극복하고 규범기 단계로 들어간다. 규범의 단계는 팀 구성원이 함께 모여 서로의 소속감을 갖기 시작하는 팀 발달 단계이다. 이러한 연합은 팀 구성원들이 함께 일할 수 있는 편안한 느낌을 갖게 한다. 팀 구성원은 강한 소속감으로 팀과 함께 정체감을 갖게 된다. 팀의 응집력의 증대가 이 발달 단계에서 가장 중요한 것이다.

응집력은 목표 달성을 위해 함께 일하는 팀 구성원 사이의 강한 관계 결합력으로 정의된다. 역사적으로 팀의 바람직한 응집력에 대해서 많은 논쟁이 있었다. 어떤 사람들은 고도의 응집력은 개인을 포기해야 하는 강한 구속력 때문에 오히려 역기능이 나타난다고 주장한다. 응집력의 가장 부정적인 결과는 팀 사고(teamthink)가 아닌 집단사고(groupthink)가 지배하게 되는 경우이다. 이 집단사고는 집단 안에서 강한 응집력이 중요한 기준으로 작용될 때 비효과적인 집단 결정을 내리게 된다. 어떤 강한 응집력을 가진 집단에서 개인은 팀 구성원이

아니라 집단의 일원으로 인식된다. 이때 집단의 리더는 매우 강한 카리스마를 가진다는 특징이 있다. 따라서 개인이 집단 안에서 보다 대안적이고 생산적인 사고의 제시를 꺼려하게 되는 결과를 초래한다(Stewart, Manz & Sims, Jr, 1999).

또한 이 규범기 단계는 팀의 규범을 개발하기 때문에 매우 중요한 단계이다. 규범은 팀 행동을 조정하는 비형식적 규칙이다. 비형식적 규칙은 팀의 중요한 영역에서뿐만 아니라 관련이 적은 영역에서도 개발된다.

팀의 규범은 함께 머물고 목표를 달성하는 능력을 증대시킨다. 팀 구성원은 수용 가능한 생산성의 수준에 대한 비형식적 규칙을 확립할지도 모른다. 이러한 규칙은 질 높은 과제 수행을 촉진시키는 긍정적 영향을 주기도 하지만, 결과를 제한하는 부정적인 영향도 초래한다. 하지만 어떤 경우든지 팀의 목표 달성을 돕고, 팀 구성원 간의 문제를 해결하는 데 도움이 된다(Stewart, Manz & Sims, Jr, 1999).

이 단계에서는 의무와 리더십을 공유하고, 적절한 도구와 기법을

[표 2-7] 격동기 단계에서의 좋은 징후와 나쁜 징후

나쁜 징후	좋은 징후
• 타당한 이유 없이 다투거나 화를 내는 것	• 의무와 리더십을 공유하는 것
• 전체 조직으로부터 팀 자체가 분리되었다고 인식하는 경우	• 적절한 도구와 기법을 활용하는 경우
• 팀 내부에서 하위 팀이 분열되는 것	• 공동 목표와 일정에 가치를 두는 것

자료: Bagulary, 2003.

활용하고, 공동 목표와 일정에 가치를 두는 것이 중요하다.

4) 수행기

팀의 수행기 단계는 공동 목표를 달성하기 위하여 팀 구성원들이 시너지를 살려 일할 때 나타난다. 모든 팀이 이 단계에 도달하는 것이 아니지만, 여기에 도달한 팀들은 높은 생산성을 나타낸다. 이 단계에서는 팀이 활용하는 시간을 확대해야 한다. 다음은 팀의 시간 관리를 개선하기 위한 지침이다(C. C. Manz, C. P. Neck, J. Mancuso, and K. P. Manz, 1997 in Stewart, Manz & Sims, Jr, 1999. Stewart, Manz & Sims, Jr, 1999).

- 팀의 과제 수행 시간이 부족하고 소중하다는 인식을 한다.
- 깨끗하고 정리가 잘된 작업 환경을 갖춘다.
- 최상의 작업 능률을 발휘할 수 있는 시간대(아침, 오후 등)를 인식하고 이를 적용한다.
- 팀의 목표를 확인하기 위한 계획안을 개발한다.
- 가장 우선순위가 높은 과제에 에너지를 집중한다.
- 자투리 시간을 효과적으로 활용한다.

효과적인 시간 관리는 생산성과 직결된 것으로 매우 중요하다. 팀의 의사 결정을 강화하는 새로운 전략인 팀 사고를 추구해야 한다. 팀 사고의 특징은 집단사고와 대조적으로 나타난다. [표 2-8]에서와 같이 팀 사고는 개인적 견해 존중, 관례의 탈피, 아이디어의 개방적 표

[표 2-8] 집단 사고로부터 팀 사고로 전환하기

집단사고		팀 사고
• 팀은 일체감을 착각하여 경험한다. • 팀은 그들이 실패할 수 있다고 믿는다. • 팀 안에서의 사회적 압력은 서로 다른 견해를 방해한다. • 팀은 도덕성을 착각한다. • 상대방의 리더는 관례를 통하여 인식한다. • 팀 구성원은 자기 검열을 강화한다. • 외부 정보에 정신적 보호막을 친다.	→	• 팀은 팀 구성원의 개인적 독특함을 인식하고 가치를 부여한다. • 팀은 그들의 한계와 위협을 이해한다. • 개인적 견해를 존중한다. • 팀은 윤리적 도덕적 의사 결정을 인식한다. • 관례를 따르지 않는다. • 팀 구성원은 개방적으로 관심과 아이디어를 표현한다. • 집단 밖의 사고도 추구한다.

자료: C. C. Manz, C. P. Neck, J. Mancuso, and K. P. Manz, 1997 in Stewart, Manz & Sims, Jr, 1999.

현, 팀의 윤리적 의사 결정 등을 특징으로 한다.

많은 연구들은 과제 수행의 질이 일관되게 유지되지 않는다는 사실을 보여준다. 보통은 과제의 마감 시간에 임박하여 과제 수행이 집중적으로 나타난다. 수행기에서는 자율적 또는 자기 관리에 의한 과제

[표 2-9] 수행기 단계에서의 좋은 징후와 나쁜 징후

나쁜 징후	좋은 징후
• 과대한 야망 • 습관적인 일 처리와 과제를 소홀히 하는 것 • 활력의 소진	• 자율적 또는 자기 관리에 의한 과제의 진척 • 의무의 공유 • 팀 자체의 동기부여

자료: Bagulary, 2003.

의 진척, 의무의 공유, 팀 자체의 동기 부여 등이 좋은 징후이다.

5) 휴지기

팀 발달의 마지막 단계는 휴지기이다. 휴지기는 팀이 해체되거나 팀 구성원이 다른 활동 팀으로 옮겨가는 경우이다. 때때로 팀의 휴지기는 목표가 달성되거나 더 이상 팀을 유지할 이유가 없을 경우에 나타나는 미리 예고된 현상이다. 그러나 팀의 휴지기는 예상되지 않을 경우에도 발생한다. 예를 들어 팀 구성원의 예상치 않은 탈락으로 팀이 해체되는 경우이다. 또한 어떤 팀은 격동기 단계에서 극복을 못해 해체되기도 한다. 그리고 조직 통합, 구조 조정 등의 외부적인 한계 때문에 팀이 목표를 달성하기 전에 중단되는 경우도 있다.

TEAMWORK TIP	당신의 팀은 어느 발달 단계까지?
	• 모든 팀은 팀의 발달 순서대로 시작한다는 사실을 인지하라. • 모든 팀이 팀의 발달과정 모두를 경험하는 것이 아님을 기억하라. • 팀의 성공 여부는 팀의 발달과정의 단계를 얼마나 극복했는가에 달려있음을 인식하라. • 팀 발달의 전 과정인 형성기, 격동기, 규범기, 수행기로 전진하라. Phill Baguley

아이스 브레이킹 : 팀 퀴즈활동

팀워크 개발 활동 1

TEAM BUILDING

• 목표

팀이 막 구성되었을 때 서로가 모르는 사이라면 분위기가 얼음장처럼 차갑다. 이러한 얼음(ice)를 깨는(breaking) 일이 팀이 우선적으로 해야 할 일이다. 간단하고 재치 있는 퀴즈로 팀의 분위기를 돋우자.

• 준비물

퀴즈 문제(슬라이드 또는 인쇄물)

• 절차

1. 팀 구성원이 얼마나 재치가 있는지 팀에게 퀴즈를 낸다.
2. 모든 팀이 답을 찾도록 하고, 모든 팀이 퀴즈를 푼 다음 정답을 확인한다.
3. 퀴즈는 팀별로 진행하며, 팀 점수 방식으로 계산한다.
4. 가장 우수한 팀에게 시상을 한다.

• 활동 토의

1. 여러분 팀이 잘못 생각한 이유는 무엇인가?
2. 이러한 요인들은 팀의 업무를 수행하는 데 어떠한 영향을 미치는가?
3. 팀 퀴즈 활동을 통하여 팀의 분위기가 변화되었는가?

• 팁

1. 팀 구성원들에게 주의 깊게 읽고, 생각하도록 기회를 충분히 준다.

[퀴즈 문제] 여러분의 팀은 얼마나 재치가 있는가?

1. 매우 피곤한 상태인 한 아이가 저녁 7시에 잠자리에 들었다. 그 아이는 아침에 피아노 레슨을 신청했다. 그러므로 8시 45분에 알람을 설정했다. 아이는 알람이 울리기 전까지 몇 시간 동안 잠을 잤는가?

2. (10월과 같이) 31일까지 있는 달이 있다. 단지 2월만 28일까지 있다(윤년을 제외하고). 30일이 있는 달은 얼마나 되는가?

3. 50을 1/3으로 나누고, 7을 더하면 답은 얼마인가?

4. 야구 경기에서 한 이닝 동안 경기장에 참가할 수 있는 선수는 최소 몇 명인가? 최대 몇 명인가?

5. 만약 내과 의사가 당신에게 알약 네 개를 주고, 30분마다 한 알씩 복용하라고 말했다면, 당신은 최종적으로 얼마 동안 복용하는가?

6. 만약 당신이 오로지 성냥 하나만 가지고 등유 램프, 오일 히터, 그리고 장작을 때는 난로가 있는 춥고 어두운 방에 들어간다면, 처음 어디에 불을 붙이겠는가?

7. 한 숫자만 움직여서 아래 식이 성립하도록 해보자.
   101－102＝1

8. 3으로 나누면 2가 남고, 5로 나누면 3이 남고, 7로 나누면 2가 남는 제일 작은 수는?

[정답]

1. 1시간 45분 **2.** 11달 **3.** 157(3×50＋7) **4.** 최소 10명(타자＋수비선수), 최대 13명(9＋1＋3베이스주자) **5.** 4시간 **6.** 성냥 **7.** 102 → 10^2 **8.** 1) 3으로 나누면 2가 남는 수: 5, 8, 11, 14, 17, 20, 23, 26. 2) 5로 나누면 3이 남는 수: 8, 13, 18, 23. 3) 7로 나누면 2가 남는 수: 9 16 23. 정답: 23

팀 정체성

팀워크 계발 활동 2
TEAM BUILDING

• 목표

팀 구성원의 공통점을 확인하고, 팀의 정체성을 형성하는 데 도움을 준다.

• 준비물

필기도구, 공통점 찾기 양식(팀 이름, 짝 이름, 공통점 기록란)

• 절차

1. 공통점 찾기 양식을 각 팀원에게 나누어 준다.
2. 팀 구성원들에게 첫 번째 짝을 맺도록 한다.
3. 신호를 주면, 가능한 한 많이 둘이 가진 공통점을 찾도록 한다.
4. 첫 번째 줄에 짝의 이름을 쓰고, 공통점을 찾은 항목들을 기록한다.
5. 이삼 분 후 시간이 다 됐음을 알리고, 팀 구성원들에게 새로운 짝을 찾아서 공통점을 찾는다.
6. 이와 같은 과정을 반복한다.

• 활동 토의

1. 여러분 중 얼마나 많은 사람들이 15가지 이상 공통점을 찾았는가?
2. 여러분이 확인한 약간 특별한 공통점은 무엇이었나?
3. 당신은 어떻게 이러한 공통점을 밝혔는가?
4. 대부분의 상황에서 우리는 비슷한 결과들(곧, 우리가 생각하는 것보다 더 많은 공통점이 있을 거라는 것)을 확인할 것이다. 이는 무엇을 의미하는가?
5. 이것은 팀원인—다양한 작업의 구성원인—우리에게 어떠한 암시를 하는가?

• 팁

1. 열심히 활동하다보면 다소 시끄러워질 수 있다. 각 라운드를 끝낼 때 벨을 사용하는 것도 한 방법이다.
2. 연습의 속도를 올리기 위해 공통점 찾기 연습지를 15개에서 7개나 10개 항목들로 짧게 구성할 수도 있다.
3. 활동을 재미있게 하기 위해 공통점을 가장 많이 찾은 두 사람에게 시상을 한다.
4. 만약 시간이 더 있다면 한 번 더 같은 과정을 반복하라.

| 성찰과 토론 | *Reflection & Discussion*

1. 공학은 [   ]다. 공학을 짧고도 위트 있게 정의해보고, 그 이유를 설명해보자.
2. 공학에서의 왜 설계가 중요한지 구체적인 예를 들어 설명하고, 최근 공학의 새로운 제품을 예를 들어서 설계 또는 디자인 사례를 조사하여 발표해보자.
3. 설계과정을 적용하여 공학 설계의 구체적 사례를 설계에 초점을 두고 설명해보자.
4. 한 제품을 예로 들어 소비자들의 요구 수준을 기본적 요구, 기능적 요구, 흥미 유발 요구별로 설명해보자.
5. 21세기 공학교육의 패러다임 변화를 미래 공학기술 사회에서의 적응력과 관련지어 그 당위성을 제시해보자.
6. 집단사고와 팀 사고가 어떻게 다른지 구별하여 사용해보고, 팀 사고를 위하여 팀 구성원이 노력해야 할 일을 생각해보자.
8. 효과적인 팀의 특성으로 제시된 긍정적 상호의존성의 의미를 부정적 상호의존성과 비교하여 설명해보고, 어느 경우에 긍정적 상호의존성이 증대되는지를 말해보자.
9. 학습 팀의 네 가지 유형을 제시하고, 그 특징과 사례를 마인드맵으로 그려보자.
10. 팀 문화의 두 종류를 바탕으로 가상 팀의 시나리오를 각각 작성해보자.

참고문헌

앨머 루이스, 김은영 옮김(2006), 『테크놀로지의 걸작들*Lewis's Masterworks of Technology*』, 생각의 나무.

키스 소여, 이호준 옮김(2007), 『그룹 지니어스*Keyth Sawyer's Group Genious: The Creative Power of Collaboration*』, 북섬.

Bagulary, P.(2003), *Teams and Team-working*, Chicago, Ill: MaGraw-Hill.

Eide, A. R., Jenison, R. D., Mashaw, L. H., and Northup, L. L. (2002), *Introduction to Engineering Design & Problem Solving*, Boston: McGraw-Hill.

Katzenbach & D. Smith(1993), *The Wisdom of Teams: Creating the High-Performance Organization*, Cambridge, M. A.: Harvard Business School Press.

McNeill, B. Bellamy, L. and Foster, S.(1995), *Introduction to engineering design*, Tempe: Arizona State University.

Smith, K. A.(2004), *Teamwork and Project Management*, 2nd Ed. Boston: MaGraw-Hill.

Smith, K. A.(2004), *Teamwork and Project Management*, Boston: McGrawHill – Higher Education.

Stewart, G. L., Manz, C. C. & Sims, Jr, H. P.(1999), *Team Work and Group Dynamics*, New York: John Wiley & Sons, INC.

Wellins, R. S., Byham, W. C. & Willson, J. M.(1991), *Empowered Teams: Creating self-directed work groups that improve quality, productivity, and participation*, San Francisco, CA: Jossy-Bass Inc.

2부

팀의 조직과 역할

1. 팀 목표의 설정
2. 팀의 역할과 운영 규칙
3. 책무성 확립하기

Teams are successful when they are focused, have a short cycle time, and are supported by the executives.
팀 구성원들이 집중하고, 주기가 짧을 때, 그리고 경영진들이 지원할 때 팀은 성공한다. • Tom Bouchard

To every problem there is already a solution – where you know it or not
모든 문제에는 해결책이 있다. 비록 당신이 알지 못할지라도. • Grenville Kleiser

In choosing a partner, always pick the optimist
파트너를 선택할 때는 항상 낙관주의자를 선택해라. • Tony Lema

문제의 제기

2부에서는 팀 목표의 설정, 팀의 역할과 규칙, 그리고 팀 구성원의 책무에 대한 내용을 탐구하고자 하며, 이 내용은 팀을 만들어 팀워크를 발휘하기 위한 기본적 체제와 확립과 조직화와 관련된다. 기본적 학습 문제는 다음과 같다.

❶ 팀은 어떠한 과정을 거치면서 임무를 수행하게 되는가?

❷ 팀 목표, 팀 강령과 팀 임무는 왜 필요하며, 실제로 어떻게 설정할 수 있는가?

❸ 팀 과제는 어떻게 할당되며, 좋은 팀의 환경을 위한 필요조건은 무엇인가?

❹ 팀을 구성하는 팀 리더, 팀 구성원의 역할은 무엇이며, 팀의 규칙과 역할은 무엇인가?

❺ 개인의 성격 유형은 팀워크에 어떻게 기여할 수 있는지, 그리고 유형별 지도자 유형은 구분이 가능한 것인가?

❻ 팀에서 있어서 책무성은 왜 중요하며, 팀 리더, 팀 구성원, 팀 동료들 각자의 책무는 무엇인가?

1 팀 목표의 설정

주요개념

■ 팀의 수행과정, 팀 목표, 팀 임무, 팀 강령(team charter), 팀 역할, 팀 리더, 팀 구성원

1. 팀의 조직과 수행과정

팀워크를 계발하기 위해서는 여러 가지 전략이 있다. 크게는 시스템적인 접근과 단계적인 접근으로 구별할 수 있다. 리즈(Rees, 1997)는 *Teamwork form start to finish*라는 자신의 저서를 통하여 팀워크 계발을 위한 열 단계를 제시하고 있다.

제1단계: 팀 조직하기

1. 팀의 확인
2. 팀의 역할
3. 팀의 규칙 설정

제2단계: 팀 과제 수행하기

4. 과제의 계획

5. 과제 수행하기

6. 팀 과제 수행의 검토

7. 과제의 완료

제3단계: 팀 정리하기

8. 과제 결과의 발표와 공개

9. 팀의 보상

10. 팀의 개선과 재조직

스튜어트, 만즈, 심스 주니어는 *Team Work and Group Dynamics* 라는 책에서 투입, 과정, 결과에 따른 시스템적인 단계를 제시하고 있다.

제1단계 : 투입

제2단계 : 과정(팀의 발전, 사회화, 힘과 영향, 갈등, 리더십)

제3단계 : 결과(팀 효과성 결정, 팀의 잠재적 효과, 팀 사이의 협력, 팀의 효과성 개선)

한편 웨스트와 마르키에비치(West & Markiewicz, 2004)는 다음 그림과 같은 팀 기반 작업(Team-Based Work: TBW)의 계발 기술을 제시하고 있다. TBW에 대한 결정과 조직 검토, 지원시스템의 검토와 설계, 팀 리더의 선정과 훈련, 팀의 개발, 지속 가능한 팀의 효과성 검토, TBW의 검토라는 여섯 가지 전략을 제시하고 있다. 이 전략은 팀 기반의 실제적인 조직 변화에 초점을 두고 있다.

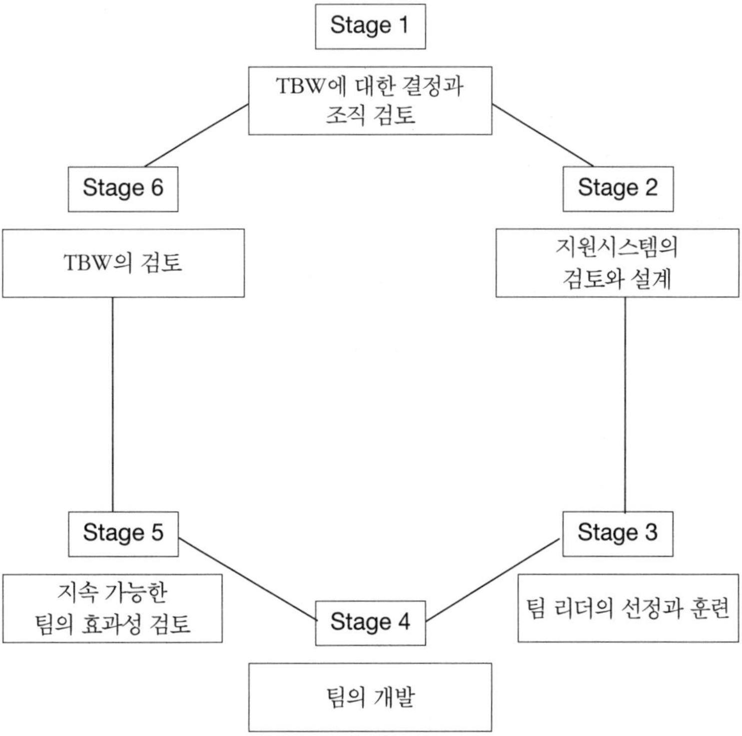

[그림 1-1] 팀 기반 작업의 계발 기술의 6단계

그리고 괴쉬(Goetsch, 2004)는 *Effective Teamwork: Ten Steps for Technical Professions*라는 저서에서 열 단계의 팀 계발 기술을 제시하고 있다.

1. 팀의 목표와 방향을 정립하기
2. 팀의 역할과 규칙을 정하기
3. 팀의 역할에 따른 책무성을 확립하기
4. 팀 리더십 기술을 계발하기
5. 팀 리더와 구성원을 위한 의사소통 기술 계발하기
6. 팀 갈등 관리 기술을 계발하기
7. 보다 명확한 의사결정 과정 확립하기
8. 긍정적 팀 행동 철학 확립하기
9. 효과적인 팀 수행 결과를 인식하고 보상하기
10. 팀워크를 계속적으로 평가하고 개선하기

대체로 괴쉬의 팀워크 계발을 위한 열 단계 모델은 팀의 목표 설정, 조직, 역할, 팀의 수행에 따른 리더십, 의사소통, 갈등 관리, 효과의 평가에 이르기까지 팀워크의 전반적인 내용을 다루고 있다는 장점을 지니고 있다.

따라서 이 책에서도 괴쉬의 절차를 기본으로 서술하지만, 각 영역에서 다른 연구자들의 아이디어와 실천들을 적용시키고자 한다.

2. 팀 목표 설정: 팀 강령 세우기

주어진 프로젝트나 과제가 주어질 경우 팀의 조직과 수행보다도 가장 먼저 해야 할 일은 명확한 팀의 방향과 목표를 설정하는 일이다. 누구든지 팀 구성원이 되면 몇 가지 기본적인 사항이 궁금해진다.

첫째로 팀의 임무를 알고 싶어 하고, 다음으로는 왜 이 팀이 존재하는지, 그리고 성취해야 할 구체적 목표가 무엇인지를 알고 싶어 할 것이다. 그 다음으로는 당신과 다른 팀 구성원에게 주어진 구체적 과제를 알고 싶어 할 것이며, 마지막으로는 팀의 일정과 과제 종료 시점을 알고 싶어 할 것이다.

결국 이러한 것들을 진술하는 문서가 팀 강령이다.

1) 팀 강령

팀 헌장은 개인적 팀 구성원이나 전체 팀에게 방향을 제시해주는 간단한 강령이다. 일반적으로 이 강령에는 다음과 같은 정보를 기본적으로 담고 있어야 한다.

- 팀의 임무 진술
- 팀의 목표
- 팀의 과제 할당
- 팀 수행 일정

한편 베이글리(Baguley, 2003)는 팀 강령의 구성 요소로 다음과 같은 시청 주차 건물 설계 프로젝트의 팀 강령을 예시하고 있다.

팀 강령

시청 주차 건물 설계 프로젝트

팀장: 김○○

팀의 임무

- 시청 주차 건물 설계팀의 임무는 ○○시청의 다층 주차 건물을 세우기 위한 구조적 설계와 기획을 완성하는 것이다.

팀의 목표

- 주차장 건물의 모든 구조물의 설계 계산을 완성한다.
- 주차장 건물의 모든 응력을 고려한 조립 도면을 완성한다.
- 주차장 건물의 건축 도면을 완성한다.
- 주차장 건물을 세우는 데에 필요한 재료 구입 목록을 완성한다.

팀의 과제 할당

- 설계 계산: 김○○
- 건물 건축 도면 일체: 홍○○
- 조립도면 일체: 최○○
- 재료 구입 목록: 강○○
- 검사 도면: 전○○

■ 팀 수행 일정표

과제 할당	과제 완료일
• 설계 계산	1월 15일
• 건물 건축 도면 일체	3월 1일
• 조립도면 일체	3월 30일
• 재료 구입 목록	4월 10일
• 검사 도면	4월 20일

[표 1-1] 시청 주차 건물 설계 프로젝트의 팀 강령의 예시

이 예시에서 알 수 있듯이 팀 강령에는 팀장의 이름과 팀의 방향과 책임을 제시한 프로젝트의 큰 그림의 정보가 담겨져 있다. 팀 강령은 날마다 꼭 따라야 하는 활동이 아니라 팀의 방향을 광범위하게 진술한 프로젝트의 큰 그림이다.

다음은 또 다른 팀 강령의 예시이다.

PLUMSTAR 팀 규정 강령
임무: 2006년 8월 31일까지 Plumstar 제품군의 성공적인 정착을 달성하기.
팀 멤버: Jay Williams, Dave Elson, James Kirk, Ray Stunning, Else Danby, Ellen Rogers and Jan Bitemen.
팀 스폰서: 마케팅 부서와 생산 부서. XYZ Corp.
핵심 도전 과제:
– 새로운 조립 라인을 개발하고, 결함을 제거하라.
– 중요한 재료와 자원을 확보하라.
– 새로운 광고 캠페인에 의해 제품 인지도를 높여라.
– 판매를 개시할 때 제품 유효성을 확실하게 하라.
4쪽 중 1쪽

자료: Baguley(2003)

■ 누가 팀 강령을 개발하는가?

팀 강령을 가지는 것은 중요하지만 팀 강령은 누가 개발하는가? 고위 관리자? 팀장? 아니면 전체 팀 구성원? 이 질문에 대한 대답은 매우 간단하다. 팀 강령의 개발은 프로젝트의 성격, 상황, 환경 등에 따라 다르다는 것이다. 어떤 경우에는 고위 관리자가, 또 다른 경우에는 팀장이, 그리고 팀 구성원 전체가 팀 강령을 만들어 고위 관리자에게 제출할 수도 있다. 특히 마지막의 경우는 팀 구성원이 강령 개발에 참여함으로서 팀 과제 수행의 능동성과 동기 부여에 큰 역할을 할 수 있는 장점이 있다.

팀 강령을 누가 작성하더라도 간과해서는 안 될 중요한 사실은 반드시 고위 관리자에게 프로젝트의 팀 강령이 승인을 받아야 한다는 것이다. 이는 고위 관리자가 팀의 임무 수행에 관심을 갖고 지원할 수 있는 환경을 만들기 때문이다. 그리고 고위 관리자가 팀 강령을 모르는 경우에는 그 팀은 그 회사의 보다 큰 목표를 신경 쓰지 않고, 팀만의 방법으로 과제를 수행하는 결함이 있는 팀이 될 가능성이 높다.

팀 강령을 만드는 과정에서 다음의 핵심 질문을 통해 팀 강령에 이런 것들이 포함되었는지 확인하고 이러한 질문들에 대해서 팀 구성원들이 대답할 수 있어야 한다. 팀 강령은 문서 형태로 정리되지만, 팀의 과제 수행 과정에서 적용되고 늘 인지되어야 하는 실천 과제이다.

규정 질문 목록

목적: 팀 강령에 이것이 포함되어 있는가?

팀 구성원은 누구인가?
팀의 원리는 무엇인가?
팀 권한이 어디까지인지를 알고 있는가?
팀이 사용할 공간이 있는가?
팀의 후원자는 누구인가 ?
주요 도전 과제는 무엇인가?
팀의 기본 도전 과제를 알고 있는가?
어떤 핵심적인 이정표를 정의할 수 있는가?
팀이 수행할 절차를 알고 있는가?
어떻게 팀의 성과를 측정하고 모니터링할 것인가?
모든 팀 멤버의 트레이닝이 필요한가?

자료: Baguley(2003)

TEAMWORK TIP

당신의 팀 강령은?

- 팀 강령은 예외적으로 부가되는 것이 아니라 팀의 생산성과 팀 효율성을 높이는 데 핵심적인 역할을 함을 인지하라.
- 팀 강령은 반드시 팀 구성원 모두가 함께 개발하고 동의하여야 한다.
- 팀 구성원과의 토의로 시작한다.
- 반드시 팀 강령을 확인한다.

Phill Baguley

① 팀 임무 진술

팀 임무의 진술은 팀이 존재하는 이유를 설명해준다. 팀 임무 진술은 팀의 전체적인 책임을 포함하는 광범위한 용어로 작성되어야 하지만, 팀의 임무 수행이 가시적으로 나타날 수 있는 명확한 것이어야 한다.

다음은 팀 임무 진술의 준거가 되는 잘 기술된 팀 임무 진술의 특징을 나타낼 것이다.

이 팀의 임무는 주문 시점과 배달 시점의 차이를 줄이는 것이다.

진술이 잘 기술된 팀 임무의 특징
• 질문에 대답이 있다: 왜 이 팀이 존재하는가? • 간략하다: 한 문장으로 충분하다. • 방법(how)이 아닌, 임무 내용(what)과 이유(why)를 설명하고 있다. • 광범위하게 진술하고 있다(팀의 목표에서 구체성을 보여준다).

[표 1-2] 팀 임무 진술의 준거

② 팀 목표

팀 책임의 자세한 내용은 팀 강령에 나타난 팀 목표의 명확성에서 찾을 수 있다.

그림은 잘 기술된 팀 목표 진술의 특징을 보여주고 있다.

진술이 잘 기술된 팀 목표의 특징
• 팀의 임무 진술에 직접적으로 연계되어 있다. • 팀 목표는 하나의 과제에 초점을 두고 있다. • '팀 임무 진술의 의미가 무엇인가에 대한 대답이 있다. • 구체적으로 팀이 성취해야 할 내용을 보여주고 있다.

[표 1-3] 팀 목표 진술의 준거

■ 팀 목표는 팀 임무에 직접적으로 연계되어야 한다.

팀 목표의 진술은 팀 임무와 직접적으로 관련이 되어야 하는데, 그렇지 못할 경우 목표 진술이 부적절하거나 팀 임무 진술이 잘 기술되지 못한 것이다. 다음 건설 회사의 팀 진술과 팀 목표 진술의 직접적인 연계를 살펴보자.

• 팀 임무

○○건설 회사의 소비자 만족 개선 팀의 임무는 소비자의 불만 요인을 확인하고, 그 불만 요인을 제거할 수 있는 전략을 제안하는 것이다.

• 팀 목표

1. 소비자 불만이 많은 순서로 우선 순위를 정한다.
2. 확인되지 않은 소비자들의 다른 불만을 조사한다.
3. 내년에 회사 주식의 주가를 20퍼센트 이상 증대시킨다.
4. 5개의 상위 불만 요인 해소를 위하여 적어도 한 가지 이상씩의 전략을 제안한다.

위 회사의 팀 임무와 목표 진술에서 직접적인 연계가 되지 않는 목표는 '목표 3'이라는 것을 알 수 있을 것이다. 물론 다른 목표가 성취되고 소비자 불만 요인이 줄어든다면 '목표 3'이 성취될 가능성은 있지만, 이 팀에서 달성해야 할 직접적인 목표와는 거리가 있다는 것이다. 결과적으로 이 '목표 3'은 다시 쓰여지거나 삭제되어야 할 것이다.

■ 팀 목표는 하나의 과제에 초점을 두고 진술해야 한다.

다음 팀 목표를 살펴보자.

- 작업 위치 1-19C에 있는 모든 인쇄회로기판 납땜 결함의 근본적인 원인을 찾는다.
- 작업 위치 1-19C에 있는 모든 인쇄회로기판 납땜 결함의 근본적인 원인을 찾고, X-2 타입의 전선 작업 설비를 위한 새로운 연결 메커니즘을 찾는다.

위의 목표 진술에서 보면 첫 번째 목표는 하나의 과제에만 집중하고 있는 반면, 두 번째 목표는 두 개의 과제에 초점을 두고 진술되었다. 팀의 임무와 관련하여 이 목표는 나누어 기술하든지, 아니면 하나의 과제에 집중하여 다시 기술하여야 할 것이다.

■ 팀 목표는 팀 임무 진술의 의미를 설명하여야 한다.

팀 임무 진술은 광범위한 큰 그림으로 기술되어 있다. 그래서 팀 구성원들이 프로젝트의 성격과 방향을 알 수 있다. 하지만, 보다 구체적으로 그것이 무엇을 요구하는지 하는 의미는 팀의 목표 진술에서 설명되어야 한다.

예를 들어 음식 구매 팀에서의 목표가 다음과 같이 기술되어 있다고 하자.

목표: '식품 가게에 가서 요리할 재료를 사는 것'

이 임무는 큰 그림에 불과하고 구체적으로 많은 의문을 제기한다. 즉 구매해야 할 재료의 종류와 양이 제시되지 않았기에 팀의 목표에서 설명해야 한다. 즉 팀의 목표는 다음과 같다.

• 기름기가 없는 소고기 500그램을 구매한다.
• 감자 5개를 구매한다.
• 검은콩 50그램을 구매한다.

■ 팀 목표는 측정 가능하도록 구체적이어야 한다.

좋은 팀의 목표는 측정 가능한 방법으로 진술되어야 한다. 그래야 팀의 목표가 성취되었는지 아닌지를 판단하기 쉽기 때문이다. 예를 들어 앞서 진술한 목표에서 '감자 5개를 구매한다'라고 되어 있을 경우 3개를 구매했을 경우 목표 달성은 60퍼센트만 한 셈이다. 다음 목표 진술을 살펴보자.

• 회사의 회식을 위하여 햄버거 롤빵을 구매한다.
• 회사 회식을 위하여 충분한 햄버거 롤빵을 구매한다.

첫 번째 진술 목표는 목표 성취를 가늠할 수 있는 근거가 없어 다시 진술해야 할 것이다. 두 번째의 경우는 충분한 재료로 목표가 성취될 수 있고, 성취되지 않을 수도 있다. 그러나 비록 성취되었다 할지라도 재료 낭비나 경제적 손실을 가져올 수 있기 때문에 '충분한'이란 애매한 용어 선택보다는 보다 구체적인 측정 가능한 진술로 다시 기술되어야 할 것이다.

■ 팀 목표는 팀이 성취해야 할 구체적 내용을 보여주어야 한다.

잘 진술된 목표는 목표 성취에 대한 책임이 무엇인지를 보여주어야 한다. 만약 팀 강령이 단지 팀 구성원의 과제 할당만 제시한다면, 개인적 목표 성취는 따질 수 있지만 전체적인 팀 목표 달성을 가늠하기 어렵다. 이는 팀의 목표가 팀 구성원의 목표보다 먼저 진술되어야 하는 이유를 설명해준다.

그래서 팀의 임무를 진술하고, 목표를 설정하고 나서 팀의 과제 할당을 하는 것이다. 목표가 팀워크를 촉진시키는 방법 중 하나가 전술적 상호 지원(tactical mutual assistance : TMA)이다.

③ 팀의 과제 할당

팀의 과제 할당 목록은 팀 강령에서 가장 구체적인 구성요소이다. 팀 과제 할당 목록을 작성할 경우 균형을 잘 맞추는 일이 중요하다. 한편으로는 각 팀은 명확하게 목록을 작성해야 하지만, 조금의 변화도 수용할 수도 없을 정도로 너무 엄격해서도 안 된다.

조립 금속 빌딩 설계 업체의 공학기술 팀의 예를 보자. 이 팀은 1명의 공학기술자, 3명의 CAD 기술자, 1명의 구매 기획자로 구성되었다. 이들 팀의 과제 할당 목록은 다음과 같다.

- 설계 계산: A(팀 리더)
- 기초 계획: B
- Anchor-bolt 계획: B
- 고형 구조물: C
- 지붕 구조 설계: C
- 벽 구조 설계: C
- 세부 접합 설계: D
- 재료 목록 작성: D
- 구매 기획: E

설계 계산은 공학적 전문성이 요구되고, 구매 기획도 경험 있는 지식이 필요하다. 따라서 A와 E는 팀의 특별한 과제를 할당받았다. 그러나 나머지 3명은 구체적인 과제 할당을 받았지만, 상호 간에 과제 변경의 가능성이 상황에 따라 가능하도록 열려 있는 점이 다르다. 팀 리더가 필요하다고 판단한 경우 일시적인 수정이 가능하다는 의미이다.

팀의 성공적 과제 수행을 위해서 팀 구성원은 다음의 세 가지 질문에 확실하게 대답할 수 있어야 한다(Baguley, 2003).

■ **당신은 팀의 과제를 명확하게 정의할 수 있는가?**

팀 구성원은 팀 과제를 명백하고 명확하게 정의할 수 있어야 한다.

만약 팀원이 과제를 불명확하거나 모호하게 파악한다면 팀은 최악의 상태에서 출발하는 셈이 된다. 명확하고 명백한 팀 과제의 정의는 팀 성공의 지름길이다.

■ 당신의 팀 과제가 완료될 때를 알고 있는가?

팀 과제의 정의만이 팀 구성원이 알아야 할 전부는 아니다. 또한 팀 구성원이 팀 과제를 시작하기 전에 그 과제에서 요구되었던 결과들을 확인하고, 측정할 수 있어야 할 것이다. 측정할 수 없는 결과들은 시도하기도 어려우며, 성취를 했는지 평가하기도 어렵다. 측정 가능한 양적인 기준으로서 팀 수행 결과가 평가된다. 수행을 측정하기 위해 필요한 정보를 확인하는 일이 중요하다. 측정 대상들 또는 기준들과 비교할 때 팀의 수행이 어떻게 진척되고 있는지를 알 수 있을 것이다.

■ 당신의 팀 과제는 적절하고 신뢰할 수 있는가?

앞서서 명확하지 않거나 모호한 작업들과 결과들은 팀에 있어서 좋지 않다는 것을 알았다. 하지만 명쾌함과 정의만이 필요한 전부가 아니다. 만일 당신 팀이 성공을 바란다면 그 과제와 결과들에는 다음과 같은 것들이 필요할 것이다.

- 적절한 과제인가?
- 현실적인 과제인가?
- 믿을 만한 과제인가?
- 납득할 수 있는 가장 중요한 과제인가?

• 도전감이 있는 과제인가?

늘 일상적으로 수행되거나 지루한 과제는 팀 과제로 적절하지 않다. 팀 구성원들은 그들이 하고 있는 과제가 현실적이고, 적절하며, 의미가 있다고 느끼는 것뿐만 아니라 도전하는 느낌이 들어야 할 것이다. 그러나 팀 구성원이 위의 세 질문들에 '예'라는 대답했을지라도, 팀이 성장하고 발전하고 성과를 올리도록 올바른 환경을 갖추어야 한다.

팀의 환경: 때와 장소

팀은 조직의 하위 부서이고, 상부 조직에서 오는 여러 가지의 압력들과 영향들에 종속되어 있다. 상부 조직의 압력과 영향들은 팀을 지원하고 육성하는 데 도움이 되거나, 또는 당신 팀이 과제를 수행하는 것을 제한하고 금지하고 심지어 파괴를 하는 원인이 되기도 한다.

팀을 위한 좋은 환경

팀이 성공할 기회가 조금이라도 있다고 판단되면 팀 상부 조직의 지지가 필요하다. 이러한 지지는 자율과 시간이 보장되어야만 한다. 또한 성공적 팀 구성원에게 요구되는 기술을 개발하는 경우에는 팀원들에게 필요한 훈련도 지원되어야만 한다.

팀 주변의 조직의 관리자들과 간부들이 팀의 본질, 방법과 이유를 이해하고, 지원하는 것이 필요하다. 간부급 관리자들은 최근의 유행에 따르는 것보다는 현실적이고 실용적인 이유들을 고려해서 팀을 지원해야 할 것이다.

팀은 중요한 과제를 수행하기 위하여 팀 구성원의 훈련을 실시할 수 있다. 훈련은 팀 구성원들이 중간에 낙오되지 않게 하고 팀원으로서의 좋은 경험을 가지게 해줄 것이다. 이 모두는 팀의 아이디어를 강제적으로 주입하기보다는 차츰 받아들일 수 있는 환경을 가져올 것이다. 최고의 스포츠 팀들은 하루 만에 만들어지지 않는다. 그들은 팀이 원하는 목표를 달성하기 위해 훈련과 게임 전술을 실전처럼 연습했을 것이다.

'2+2=5 혹은 그 이상' 팀이 탄생하려면 좋은 환경이 주어져야 한다. 이러한 시너지 효과가 조직의 능력을 향상시킬 것이다.

팀에 해로운 환경

좋지 못한 환경은 팀 성공에 장애가 될 수 있다.

다음과 같은 환경은 팀에게 바람직하지 않은 환경의 사례이다.

- 높은 이직률
- 개인 간의 경쟁을 우선하는 문화
- 핵심 요원이 계약직이거나 외부 업체 인사인 경우
- 중역 간부나 관리자가 심하게 팀을 반대하는 경우
- 모든 문제들에 대하여 팀의 아이디어가 즉각적 만병통치약으로서 해결안이 될 경우
- 너무 바쁜 이유로 팀 훈련과 팀 계발을 위한 시간 할애가 어려운 환경

만일 이러한 좋지 못한 환경이 팀의 조직 또는 작업장에 존재한다면, 팀 아이디어를 도입하려고 시도하지 않을 것이다. 이와 같은 상황 속에서는 상황이 바뀔 때까지 기다리거나 다른 조직으로 이동하여 일하는 편이 더 좋을 것이다.

TEAMWORK TIP	팀 구성 해법 • 당신 팀이 다음과 같은 것을 할 수 있음을 인지하라. – 어떤 것을 진행하고 통제한다. – 어떤 것을 개발한다. – 어떤 것을 수행한다. – 어떤 것을 평가하고 제안한다. • 다음과 같은 팀 과제가 필요함을 기억하라. – 명확하게 정의되어야 한다. – 구체적이고 획득 가능한 목표여야 한다. – 도전적이어야 한다. • 당신 팀은 다음 같은 것이 충족되어야 한다. – 자율성 – 지원과 배려 – 팀 계발과 성장을 위한 시간 – 인지도 Phill Baguley

④ 팀 일정

팀 강령에서 팀 일정은 팀의 유형에 따라 그 구체성 정도가 다르다. 팀 일정은 다른 팀 및 팀 내의 일의 전후 사정을 잘 따져서 일정을 잡아야 한다. 팀의 과제가 최종적으로 수행되어야 할 시점을 정하고 팀 내 각각의 과제에 소요시간을 할당하여 무리가 없도록 정할 필요가 있다. 그러나 실제로 과제의 수행에 따라 일정이 다소 변경될 가능성이나 여유를 두는 것도 중요하다. 팀 안에서도 일의 순서가 중요하다. 설계 계산은 공학적 전문성이 요구되고, 구매 기획에도 경험 있는 지식이 필요하다.

2 팀의 역할과 운영 규칙

주요개념

■ 팀 리더, 팀 구성원, 팀 환경, 팀 운영 규칙

몇몇 사람들은 선천적으로 팀에서 일을 잘 수행한다. 그러나 보다 효과적인 팀워크는 타인존중, 신뢰, 협력, 인내, 민감성 등을 포함하는 행동을 기초로 한다. 대부분의 사람들은 효과적으로 팀 안에서 일하는 방법을 배워야 한다. 여기서 아주 중요한 두 가지는 팀의 역할을 명료히 하고, 팀 내의 운영 규칙을 정하는 일이다. 팀이 효과적으로 임무를 수행하기 위해서는 사람들이 팀 구성원, 팀 리더의 역할을 이해하고 팀 운영 규칙을 이해할 필요가 있다(Goetsch, 2004).

1. 팀 리더

팀 리더는 기업체의 선호와 조건, 팀의 유형과 크기에 따라 매우 다양한 이름을 가지고 있다. 즉 팀 리더(taem leader), 팀장(team captain),

감독자(supervisor), 부서장(department head), 분과장(division director), 총감독(superintendent), 프로젝트 관리자(project manager), 직장(unit head), 위원장(committee chair), CEO 등의 이름으로 불린다. 이러한 팀 리더의 이름에 관계없이, 모든 팀에는 팀 리더가 있어야 한다. 하지만 이는 다른 팀 구성원들이 리더십을 사용하지 않는다는 의미는 아니다. 모든 팀 구성원은 팀의 역할 이해와 책임을 위하여 리더십 기술을 익혀야 한다.

■ **팀 리더의 역할**

팀 리더는 팀 구성원으로서의 주어진 매일의 과제와 팀의 리더로서의 일을 수행하는 두 가지 역할을 지니고 있다. 앞의 역할을 잘 수행할수록 뒤의 역할도 더 잘 수행할 수 있다. 이는 팀 리더가 자신의 일을 잘 수행하는 모범을 보이는 것이 큰 지도력을 행사하는 데 도움을 준다는 의미이다.

숄테스(Scholtes, 1996)는 팀 리더의 역할을 다음과 같이 제시한다.

> 팀 리더는 팀을 관리하고, 팀 미팅을 소집하고 촉진시키며, 세부 행정적인 일을 다루거나 할당하며, 모든 팀의 활동을 조화시키며, 보고서나 발표를 사전에 준비하는 사람이다. 팀 리더는 그들의 프로젝트 문제 해결에 관심을 집중하고, 팀 구성원들이 서로 일을 잘 수행하도록 합리적인 일 처리를 해야 한다. 궁극적으로 팀의 과제를 수행하기 위하여 팀 구성원이 할 수 있는 과제의 통로를 만들고 관리하는 것이 팀 리더의 책무이다.

보다 구체적으로 어떤 팀이라도 팀 리더는 다음과 같은 책무와 역할을 수행해야 한다.

- 팀 구성원에게 긍정적 모범을 보인다.
- 자기의 팀과 나머지 다른 조직과의 접촉을 장려한다.
- 팀의 모든 기록을 남긴다.
- 팀 전체 과제의 수행을 지휘한다.
- 개인 팀 구성원의 과제를 지휘한다.
- 팀 구성원에게 과제를 할당한다.
- 팀 과제의 방향과 큰 그림의 팀 강령을 마련한다.
- 팀 구성원의 업무 수행을 평가한다.
- 팀과 팀 구성원을 위한 훈련을 기획한다.
- 작업 일정에 따라 팀의 과제를 유지시킨다.
- 회사 안에서 알려진 관련 쟁점을 연결시킨다.
- 팀 안의 멘토링 관계를 조정한다.
- 팀 안의 갈등을 관리한다.
- 팀 구성원 간의 신뢰를 돈독히 한다.
- 팀을 위한 긍정적 작업 환경을 마련하고 지속시킨다.
- 긍정적 팀 행동을 격려하고 강화한다.
- 팀과 팀 구성원을 위한 적절한 인식을 가진다.
- 팀의 과제 수행 과정과 결과에 책무를 진다.

1) MBTI 성격 유형과 팀 리더

융은 자아 오리엔테이션과 심리적 기능의 두 개념을 중심으로 유형 이론을 전개하였다. 자아 오리엔테이션은 삶에 대한 일반적 태도로서 외향(extraversion)과 내향(introversion)의 두 상반되는 오리엔테이션으로 나눈다. 외향은 바깥 세계에 대하여 관심을 갖는 삶의 태도를 의미하고, 반대로 내향은 내부 세계(사고, 감정, 경험 등)에 몰두하는 삶의 태도를 의미한다. 그러므로 외향적인 사람들은 사교적이고 수다스럽고 친절하며, 반대로 내향적인 사람들은 사색적이고 조용하며 초연하다.

심리적 기능에는 삶의 경험에 관한 판단을 내리는 것을 수반하기 때문에 합리적 기능으로 분류되는 사고(thinking)와 감정(feeling), 그리고 삶의 경험을 평가하거나 해석하지 않고 수동적으로 기록하는 것을 수반하기 때문에 비합리적 기능으로 분류되는 감각(sensing)과 직관(intuition) 등이 있다. 그러므로 사고지향적인 사람들은 논리와 이성을 사용하여 일상 경험을 의미를 이해하려 하고, 감정지향적인 사람들은 체험의 정서적 측면에 주의의 초점을 맞춘다. 또한 감각지향적인 사람들은 주위 세계에 존재하는 자극들의 냄새, 맛, 감촉 등에 예민하고, 반대로 직관지향적인 사람들은 경험의 무의식적인 이미지, 상징, 숨겨진 의미 등을 추구한다.

융은 사람들이 상반되는 오리엔테이션과 심리적 기능들을 함께 가지고 있어 통합적인 삶을 살아가는 사람도 있지만 대부분은 어느 한 쪽이 지배적인 양식을 갖고 있다고 보고 있다. 따라서 내향-외향(I-E), 감각-직관(S-N), 사고-감정(T-F)의 상호 독립적인 세 개의 축으로부터 8개의 성격 유형이 나올 수 있다.

마이어스와 브릭스는 융의 세 개의 축에 판단-인식(judging-perceiving: J-P)의 축을 하나 더 추가함으로써 16개의 성격 유형을 제안하고 이를 측정하는 검사인 MBTI(Myers-Briggs Type Indicator)를 개발하였다. 새로 추가된 판단-인식 축은 일의 접근 양식 또는 생활 양식을 의미하며, 판단지향적인 사람들이 목표 의식이 뚜렷하고 계획적, 체계적인데 반해, 인식지향적인 사람들은 목표와 방향이 가변적이고 상황에 따른 융통성이 있으며, 덜 계획적이고 체계적이다(민경환, 2002).

다음은 MBTI의 네 가지 선호 경향을 그림으로 제시한 것이다.

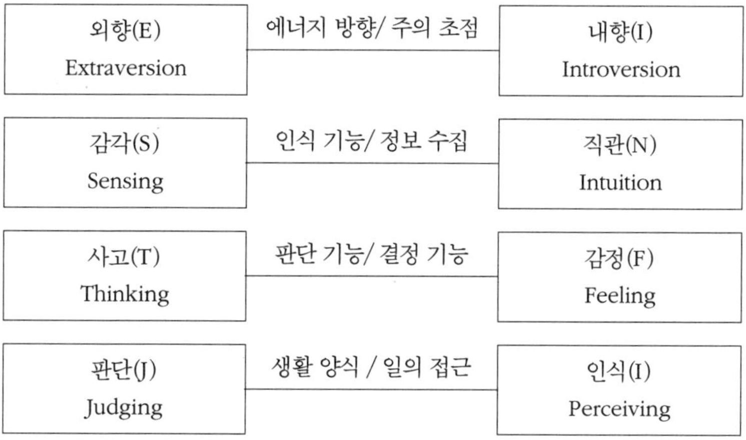

[그림 2-1] MBTI의 4가지 선호 경향

당신은 어떤 유형을 따르는가? 외향(E) 또는 내향(I), 감각(S) 또는 직관(N), 사고(T) 또는 감성(F), 판단(J) 또는 인식(P). 만약 어느 한쪽으로 결정하기 어렵다면, 당신이 양손으로 글을 쓴 경험을 생각해보라. 양손으로 모두 글을 쓸 수 있지만, 어느 한손이 다른 손보다 자연스럽게 글을 쓰는 손이 있을 것이다. 앞서 살펴본 성격 유형 체크리스트를 참고로 당신의 유형을 선택해 보자.

8가지 서로 다른 선호 유형은 16가지의 성격 유형을 만들어낼 수 있다.

여기서 외향(E)은 활동과 움직임을 좋아하기 때문에 표의 발(아래)에 배치하고, 내향(I)은 생각할 시간이 필요하므로 표의 머리(위)에 배치한다. 감각(S)은 좌뇌 활동을 선호하므로 표 왼쪽에, 직관(N)은 우뇌 활동을 선호하므로 오른쪽에 배치한다. 사고(T)는 의사 결정을 객관적으로 하기에 표의 양쪽 끝에 위치하게 하고, 감성(F)은 의사 결정 과정에서 다른 사람에 대한 배려를 선호하므로 표 안쪽에 배치한다. 그리고 결단(J)은 구조와 순서를 선호하기에 표의 위와 아래쪽에, 여유(P)는 융통성과 적응력이 있으므로 표의 가운데 열에 배치하였다 (Hirsh & Kise, 2006).

ISTJ	ISFJ	INFJ	INTJ
ISTP	ISFP	INFP	INTP
ESTP	ESFP	ENFP	ENTP
ESTJ	ESFJ	ENFJ	ENTJ

[그림 2-2] 16가지 성격유형의 자리 배치

어떤 사람은 이 표를 보고 자신이 좋아하는 집으로 생각하기도 한다.

TEAMWORK TIP	당신이 살고 싶은 아파트? • 위 그림이 아파트라고 한다면 당신은 어디서 살고 싶은가? • 위의 16가지 성격 유형의 특성을 살려 배치했기 때문에 정확하지는 않지만 어느 정도 자신의 성격 유형을 판단할 수 있을 것이다. • 배치한 기준을 보고 자신의 성격 유형을 짐작해보자.

16가지 성격 유형을 지도력, 영향력, 강조점을 중심으로 각 유형의 특징을 제시하면 다음과 같다.

[표 2-1] 16가지 성격 유형의 특징

ISTJ • 모임과 과제에 대하여 순서와 효율을 가져오도록 이끈다. • 구체성과 실제에 바탕을 둔 논리적 논증을 활용하도록 영향을 준다. • 사실, 구체성, 결과물에 강조점을 둔다.	ISFJ • 최선의 과제 수행을 위하여 다른 사람을 격려하여 이끈다. • 정확한 정보, 조직된 사실의 확증에 영향을 준다. • 개인의 요구에 기초하여 우선 순위를 설정하는 데 강조점을 둔다.	INFJ • 훌륭한 과제 성취를 위하여 다른 사람과 협력을 격려하여 이끈다. • 창조적이고 헌신적인 노력을 함으로써 영향을 준다. • 구체적인 통찰과 중요한 가치에 강조점을 둔다.	INTJ • 이상이 실현되도록 수행 과정을 이끈다. • 지적인 깊이와 헌신적 노력을 기울여 남에게 영향을 준다. • 현상을 변화시키고, 체제를 설계하는 데 강조점을 둔다.
ISTP • 사례들을 빨리 설정하도록 이끈다. • 요구되는 모든 정보를 준비하는 데	ISFP • 다른 사람과의 협력을 격려하여 이끈다. • 그들의 이상을 실	INFP • 각 개인에게 가치를 부여하고 조화로운 팀이 되도록 이끈다.	INTP • 그들의 이상에 장점과 논리에 다른 사람이 확신을 갖도록 이끈다.

영향을 준다. • 과제 수행을 위한 논리적 방법을 찾는 데 강조점을 둔다.	현하기 위하여 협력하는 모습에 영향을 준다. • 다른 사람을 실제로 배려하는 데 강조점을 둔다.	• 새로운 가능성과 중요한 공동 이상의 실현에 영향을 준다. • 가치를 나누고 팀의 합의에 강조점을 둔다.	• 깊이 있는 지식과 분석을 마련하는 데 영향을 미친다. • 문제에 대한 논리적, 지적 통찰에 강조점을 둔다.
ESTP • 함께 일하기 위한 가장 효과적인 방법을 찾도록 이끈다. • 논리적 과정과 그들의 열정적 추구를 확립하는 데 영향을 미친다. • 그들에게 제기된 문제의 관리, 실천에 강조점을 둔다.	ESFP • 팀의 기여를 위해 다른 사람을 격려하도록 이끈다. • 손에 주어진 과제의 열정과 즐거움으로 영향을 미친다. • 다른 사람들에 대하여 낙관적 분위기를 만드는 데 강조점을 둔다.	ENFP • 다른 사람들이 가진 잠재력을 찾도록 돕고 비전을 창출하도록 이끈다. • 다른 사람의 아이디어를 받아들이고 청취하도록 영향을 미친다. • 모든 가능성을 탐색하는 데 강조점을 둔다.	ENTP • 새로운 기획을 위하여 새로운 전략을 개발하도록 이끈다. • 보다 낳은 결과를 가져오도록 영향을 미친다. • 혁신적인 모델, 도전을 극복하는 데 강조점을 둔다.
ESTJ • 계획하고, 방향을 설정하고, 책임을 부여하도록 이끈다. • 다른 사람들로부터 기대되는 모범과 본보기를 보임으로써 영향을 준다. • 목표가 성취되도록 과제를 구조적으로 조직하는 데 강조점을 둔다.	ESFJ • 다른 사람들의 요구에 관심을 가지고, 그들이 중요한 구성원이라는 사실을 알도록 이끈다. • 양심과 열심을 통하여 영향을 준다. • 개인의 요구가 충족되도록 일을 조직하는 데 강조점을 둔다.	ENFJ • 목표를 달성하기 위해 계획하고 협력하면서 다른 사람을 돕고, 촉진시키도록 이끈다. • 목표가 달성되도록 과정을 명료화하는 데 영향을 준다. • 공동의 합의를 이루는 데 있어서 다른 사람의 격려에 강조점을 둔다.	ENTJ • 과제가 성취되도록 비전을 제시하고 힘을 갖게 하고 방향을 갖도록 이끈다. • 객관적으로 아이디어를 분석하고, 목적을 설정함으로써 영향을 준다. • 의사결정에 강조점을 둔다.

2) 성격 유형별 지도자 유형

이들 16가지 성격유형별 지도자 유형을 명명해보고, 그에 따른 강점, 문제해결 스타일, 코칭 형태 등을 제시하면 다음과 같다(Hirsh & Kise, 2006).

□ ISTJ－상식적인 지도자

- 일반적 강점
  - 과제나 필요한 기능을 숙달할 때까지 학습하고 연습한다.
  - 계약, 서류, 시간 일정표 등의 구체적인 것에 가치를 둔다.
  - 일을 마칠 때까지 일정표나 지침 등을 고수한다.
  - 의사 결정에 사실적인 상황과 과거 경험을 중시한다.
- 지도 스타일－과업을 받아 무엇을 수행하든지 효율성을 따진다.
- 문제해결 스타일－사실에 기초하여 감각적으로 문제를 접하고, 논리를 적용하여 사고하고, 사람을 감성적으로 고려하며, 큰 그림을 보면서 상상한다.
- 코칭 형태－시스템, 단계적 절차, 실천, 확인된 방법을 활용한다.

□ ISTP－사실적 지도자

- 일반적 강점
  - 미리 준비할 수 있다는 사실과 구체물을 위한 보고(寶庫)가 된다.
  - 불가능하게 보이는 일을 성취하기 위하여 관료적 형식주의를 통하여 일을 수행한다.

- 상황을 극복하기 위하여 현실적으로 접근한다.
- 의사 결정을 위하여 현재 상황과 과거 경험을 활용한다.

• 지도 스타일—표본을 정하고 조용히 지도한다.

• 문제해결 스타일—논리적으로 사고하고, 사실을 감각적으로 받아들이고, 보다 큰 그림으로 상상하며, 사람을 감성적으로 고려한다.

• 코칭 형태—제기된 요구에 직접적으로 따르기 위하여 관찰, 사례, 직접적 경험을 활용한다.

□ ESTP—자기 출발형 지도자

• 일반적 강점
- 전진적, 직접적, 논리적 방법으로 문제를 해결한다.
- 시간을 절약하기 위하여 행동이 많고, 융통성이 있고, 빠르다.
- 일을 진전시키기 위하여 타협점을 찾고 협상한다.
- 사례로 다른 사람을 환기시키고 잠시라도 즐거움을 갖게 한다.

• 지도 스타일—일에 대하여 사람들이 가장 효율적인 방법을 찾도록 지도한다.

• 문제해결 스타일—사실을 감각적으로 받아들이고, 논리를 활용하여 사고하고, 다른 사람을 감성적으로 고려하며, 큰 그림으로 상상한다.

• 코칭 형태—직접적인 기술을 준비시키기 위해 외부 활동을 한다. 실제로 시간을 주고 새로운 행동을 시도하도록 기회를 준다.

□ ESTJ－책임 있는 지도자

• 일반적 강점

- 일의 실천을 위하여 사람, 사물, 조직 등을 단계적으로 수행한다.
- 구조, 방향, 핵심 명료화 등을 마련한다.
- 올바르게 수행된 과제와 예견되는 결과를 찾기 위하여 매진한다.
- 일의 흐름을 찾고, 미리 수정한다.

• 지도 스타일－계획, 방향 제시, 책임을 부여하여 지도한다.

• 문제해결 스타일－논리적으로 사고하고, 사실을 감각적으로 바라보며, 큰 그림으로 상상하고, 다른 사람을 감성적으로 고려한다.

• 코칭 형태－구조, 진술된 논리적 절차 활동, 확실한 이익을 활용한다.

□ ISFJ－격려하는 지도자

• 일반적 강점

- 다른 사람이 신뢰하도록 책무를 소중히 한다.
- 올바른 시간에 올바른 장소에서 수행되도록 조직하는 일을 성실하게 추진한다.
- 다른 사람에게 일을 자세하고 쉽게 알려준다.
- 협력적이고 각 사람을 고려한다.

• 지도 스타일－적절하고 최상의 결과를 위하여 다른 사람을 격려함으로써 지도한다.

• 문제해결 스타일－사실을 감각적으로 받아들이고 사람을 감성적으로 대하고, 논리적으로 사고하며, 큰 그림을 상상한다.

• 코칭 형태 – 명확한 지침을 부여하고, 가시적인 과제의 절차를 정의한다.

□ ISFP – 친절한 지도자

• 일반적 강점
 - 적절한 시기에 맞는 올바른 행동과 말을 알고 있다.
 - 즐겁고 친절한 삶의 방식이 모범이 된다.
 - 색감, 형태, 구조 등에 민감한 처치를 활용하고 가치를 둔다.
 - 다른 사람이 협력을 희망하도록 화합을 창조하고 모범이 된다.
• 지도 스타일 – 다른 사람이 협력하도록 격려함으로써 지도한다.
• 문제해결 스타일 – 다른 사람을 감성적으로 대하고, 사실을 감각적으로 받아들이며, 큰 그림으로 상상하고, 논리를 적용하여 사고한다.
• 코칭 형태 – 사람들의 능력과 그들의 직접적인 주장을 충족시키기 위하여 단계적으로 접촉하고 관련 학습 경험을 활용한다.

□ ESFP – 열의 있는 지도자

• 일반적 강점
 - 다른 사람을 수용하고 관대하게 대한다.
 - 일과 놀이에 있어서 열의 있는 접근을 취한다.
 - 어떤 일에도 열정, 에너지, 정신력, 용기를 더하여 잘 수행한다.
 - 과제에 직결된 자원, 사람과의 관계망, 실제적 정보에 능력을 보인다.

• 지도 스타일—다른 사람의 기여를 격려하면서 지도한다.
• 문제해결 스타일—사실을 감각적으로 받아들이고, 사람을 정감 있게 대하여, 논리적으로 사고하고, 큰 그림으로 상상한다.
• 코칭 형태—실천 중심 그룹 상황에서 직접적, 적응력 있는 기술 개발을 활용한다.

□ ESTJ—섬기는 지도자

• 일반적 강점
  - 각 사람의 요구에 일관되게 관심을 가지고, 사려 깊게 대응한다.
  - 사람, 조직, 팀 수행자에게 충실하고 헌신한다.
  - 일의 수행을 위하여 따뜻함, 실제적 인정, 조화로운 방법을 취한다.
  - 모든 다른 사람에 적절하게 동의를 구하여 일한다.
• 지도 스타일—다른 사람이 자신이 중요하다고 느끼게 하고 요구를 주의 깊게 받아들이며 지도한다.
• 문제해결 스타일—다른 사람을 정감 있게 대하고, 사물을 감각적으로 바라보며, 큰 그림으로 상상하고, 논리적으로 사고한다.
• 코칭 형태—관찰, 역할 행동, 단계적 실천 등의 다양하고 구조화된 방법을 활용한다.

□ INFJ—미래적 지도자

• 일반적 강점
  - 특별히 사람들에게 일어날 일을 천리안을 가지고 통찰한다.

- 개인과 시스템이 어떻게 통합되는지 이해한다.
- 계획하고 개발하기 위하여 미래 중심 아이디어를 창출한다.

• 지도 스타일—전망을 가지고 협력적으로 일하도록 사람들을 격려하면서 지도한다.

• 문제해결 스타일—큰 그림으로 상상하고, 사람들을 정감 있게 대하며, 논리적으로 사고하고, 사실을 감각적으로 바라본다.

• 코칭 형태—인간 중심의 질문을 하고, 그들이 성찰할 수 있는 자양분의 복합적 해석을 제기한다.

□ INFO—정신력이 강한 지도자

• 일반적 강점
- 실천하기 위하여 조직하고 사람들을 활기차게 한다.
- 만만찮은 반대에 직면하여 그들의 소신을 확고히 유지한다.
- 인간의 열망과 목표에 대하여 창의적인 방법으로 다른 사람을 환기시킨다.
- 열정, 배려, 조화에 강조를 둔다.

• 지도 스타일—각 사람에게 가치를 두고 조화로운 팀워크를 촉진시킴으로써 지도한다.

• 문제해결 스타일—사람들을 정감 있게 대하며, 큰 그림으로 상상하고, 사실을 감각적으로 받아들이며, 논리적으로 사고한다.

• 코칭 형태—독창적인 표현, 새로운 아이디어를 활용한다. 깊이 있는 주제의 탐색과 창조성의 기회를 제공한다.

□ **ENFP – 촉매적인 지도자**

• 일반적 강점

– 인간 성장과 잠재력을 위한 모든 종류의 아이디어를 제기하고 촉진시킨다.

– 새로운 기회를 쉬지 않고 추구한다.

– 거의 불가능한 일의 성취를 위하여 풍부하고 혁신적인 노력을 한다.

– 다른 사람들을 축하하고 칭찬한다.

• 지도 스타일 – 사람들의 잠재력을 도와주고 새로운 비전을 창조하도록 지도한다.

• 문제해결 스타일 – 큰 그림으로 상상하며, 사람들을 정감 있게 대하고, 논리적으로 사고하며, 사실을 감각적으로 바라본다.

• 코칭 형태 – 다양한 방법, 실험, 브레인스토밍을 활용하고, 배워야 할 많은 내용에 대하여 대화할 기회를 마련한다.

□ **ENFJ – 가치 지향 지도자**

• 일반적 강점

– 사람들의 성장을 위한 배려, 협력, 조언을 제공한다.

– 다른 사람의 요구와 필요를 청취하기 위하여 메시지를 누적시킨다.

– 일의 성취와 핵심 가치를 조언하면서 환기시킨다.

– 사람들에게 긍정적인 태도를 취하고 지원을 준비한다.

• 지도 스타일 – 목표를 달성하기 위하여 계획과 협력을 촉진시키

면서 지도한다.

• 문제해결 스타일—사람들을 정감 있게 대하며, 큰 그림으로 상상하고, 사실을 감각적으로 받아들이고, 논리적으로 사고한다.

• 코칭 형태—다양한 정보원을 활용한다. 사람들에게 중요한 주제를 맡고 있는 그룹에서 일하고 말할 기회를 준다.

□ INTJ—전략적인 지도자

• 일반적 강점
  - 아주 명확한 아이디어를 상상한다.
  - 개념적인 대성공, 패러다임 이동과 같이 행동한다.
  - 전체에서 각 부분을 파악한다.
  - 미래의 요구를 충족하기 위하여 구식의 접근을 재설계하고 독립적인 사고를 활용한다.

• 지도 스타일—아이디어가 현실이 되도록 과정을 정착시킴으로써 지도한다.

• 문제해결 스타일—큰 그림으로 상상하고, 논리적으로 사고하고, 사람들을 정감 있게 대하며, 사실을 감각적으로 바라본다.

• 코칭 형태—보편적 원리에 관련 있는 시스템, 이론, 구성요소, 그리고 원래의 사고를 자극하기 위하여 창조적 과정을 활용한다.

□ INTP—지적인 지도자

• 일반적 강점
  - 전략가 중의 전략가이고, 복잡한 문제를 해결한다.

- 모델과 이론을 개발한다.
- 전통에 대한 독립적, 비평적, 논리적 분석과 새로운 사고와 시스템을 준비한다.
- 계획과 전략의 논리와 장기간 수행 과정상의 에러를 찾는다.

• 지도 스타일—함께할 다른 사람을 설득하고, 자신의 아이디어의 논리와 장점을 가지고 지도한다.
• 문제해결 스타일—논리적으로 사고하고, 큰 그림으로 상상하고, 사실을 감각적으로 바라보며, 다른 사람을 정감 있게 대한다.
• 코칭 형태—지적이고 광범위한 개발 모델을 사용한다.

□ ENTP—전략적 지도자

• 일반적 강점
  - 새로운 노력에 대한 에너지와 신뢰를 마련하고, 열정을 가지고 일을 시작한다.
  - 문제를 해결하기 위하여 전략에 따라 분석한다.
  - 재난에 직면해서도 가능성을 바라본다.
  - 미리 행동하여 직면한 도전을 전략화한다.
• 지도 스타일—새로운 기획을 위하여 새로운 전략 개발을 통하여 지도한다.
• 문제해결 스타일—큰 그림으로 상상하고, 논리적으로 사고하고, 다른 사람을 정감 있게 대하며, 사실을 감각적으로 바라본다.
• 코칭 형태—도전하고, 평가하고, 해결할 아이디어, 사례연구, 시스템을 제공한다.

□ ENTJ – 마스터 플랜 지도자

- 일반적 강점
  - 미래 목표를 성취하기 위하여 힘을 집중한다.
  - 시스템의 용어로 사고하고, 모든 요소를 상황에 접목시킨다.
  - 문제를 직접 부딪치고, 책임을 진다.
- 지도 스타일–계획을 제시하고 나서 그것을 성취하기 위하여 다른 사람에게 집중하고 힘을 집중시킴으로써 지도한다.
- 문제해결 스타일–논리적으로 사고하고, 큰 그림으로 상상하며, 사실을 감각적으로 바라보고, 다른 사람을 정감 있게 대한다.
- 코칭 형태–일을 마스터하기 위한 개발 활동을 활용한다.

2. 팀 구성원

팀에 대하여 팀 구성원이 긍정적인 기여를 하는 것은 매우 중요하다. 다음은 팀 구성원 개인이 팀에 효과적으로 참여하는 전략을 보여준다.

- **자신과 팀 구성원을 잘 인지한다**–동료 팀 구성원과 가능한 한 충분히 잘 알고 지내야 한다. 당신이 누구인지, 무엇으로 팀에 기여할 수 있는지를 그들에게 알려준다. 그러나 팀 구성원 각각이 누구인지, 무엇을 할 수 있는지를 아는 것이 더 중요하다.
- **팀 임무를 명확하게 이해한다**–팀 구성원이 만약 팀의 임무가 무엇

인지를 모른다면 팀에 기여할 수 없다. 즉 팀의 임무, 목표, 팀의 과제 할당, 일정을 잘 알고 있어야 하고, 자유롭게 팀의 문제, 진척도, 다른 중요한 정보를 의사소통할 수 있어야 한다.

- **팀 회의에 미리 준비하고 참여한다**—좋은 팀 구성원은 결코 팀 회의 때 방관자로 남지 않는다. 회의에 참여하기 전에 미리 준비한다. 주어진 회의 안건에 친숙하고 지난번 회의록, 개인적인 노트를 검토하고, 팀 구성원이 제기할 쟁점을 작성한다. 회의 동안에는 정확하고 충분하게 자신의 의견을 제시한다.
- **팀 구성원과의 가까운 관계를 유지한다**—좋은 팀 구성원은 팀 회의에 접촉을 유지하고, 자주 의사소통한다. 당신이 과제를 마칠 때까지 팀 구성원과의 관계를 잘 유지하고 어려운 문제에 대하여 도움을 청한다.

TEAMWORK TIP

이상적인 팀 구성원은 항상

- 명료하게 의사소통한다.
- 보다 많은 과제와 책임을 기꺼이 자원한다.
- 긍정적이다.
- 비평을 수용한다.
- 팀 내에서 다른 구성원과 잘 지낸다.
- 성실하고 배려심이 높다.
- 큰 그림을 이해한다.
- 풍부한 유머 감각이 있다.
- 필요한 경우 물러설 줄 안다.
- 유연하고 융통성이 있다.

Phill Baguley

3. 팀 역할

팀 구성원은 팀 구성에서 가장 중요한 요인이다. 물고기가 물을 필요로 하는 것처럼 팀들은 팀 구성원을 필요로 한다. 팀 구성원들은 신중하게 택할 필요가 있다. 팀 구성원에게는 다음과 같은 기술과 능력이 필요하다(Baguley, 2003).

- 다른 사람과 함께 일할 수 있는 기술
- 의사결정을 할 수 있거나 문제를 해결할 수 있는 능력
- 팀에서 동화될 수 있는 기술

사람들은 팀에서의 역할을 받아들인다. 팀 구성원은 다음과 같은 팀에서 역할들의 일부를 확인할 수 있을 것이다.

- 새로운 아이디어를 따라잡기
- 갈등이나 긴장을 완화시키기
- 팀의 허드렛일 돌보기
- 우연히 발생할 수 있는 문제 살피기
- 팀의 나머지 위치에 도전하기

팀 역할들에 관한 연구는 팀에서 적어도 3개의 역할을 제공하라고 팀 구성원에게 제안하고 있다.

• 강한 투사 역할
• 논리적인 사색가 역할
• 친구/조력자 역할

그렇지만 이것들이 유일한 것은 아니며, 다음과 같은 역할도 필요하다.

• 코미디언—갈등 또는 긴장, 위기를 잘 해제하는 사람
• 조직가—팀을 위해 조직화하고 잡무들을 보살펴주는 사람
• 비평자—항상 건설적으로 팀의 활동들에 관해 비평하는 사람
• 반대자—팀의 의견에 동의하지 않고 다른 의견을 내는(도전하는) 사람

잠재적인 팀 구성원들이 이 종류의 역할들을 할 수 있는지 아는 것은 쉬운 일은 아니다. 그러나 다른 팀들에서 그들이 수행했던 방법, 그들의 태도와 응답, 그들이 경험한 관계가 있는 훈련과 개발 프로그램 또는 그들의 현재 또는 이전 상사들로부터 팀 구성원의 정보를 얻을 수 있다. 또한 보다 객관적으로 팀 역할 평가 설문조사를 통해서도 확인할 수 있을 것이다.

이 같은 설문지 중에 가장 쉽게 사용할 수 있는 것 중의 하나가 메러디스 벨빈(Meredith Belbin) 박사가 연구 개발한 설문이다. 그는 성공적인 팀과 성공적이지 않은 팀의 특징을 찾아내기를 원했다. 그는 성공적인 팀은 각기 다른 아홉 개의 팀 역할을 충실하게 수행하는 사

람들로 구성된다고 주장했다. 벨빈이 제시한 팀의 역할 유형과 내용은 다음과 같다(Baguley, 2003).

[표 2-1] 벨빈의 9가지 팀 역할 유형의 특성

유 형		내 용
진행자/코디네이터 Chairman →Coordinator(CO)	 CO	묵묵하게 자신을 잘 통제하고 자신감에 넘치는 지도자로서, 팀 목표를 명확히 하고 핵심 과제를 설정한다.
실행자 Company worker → Implementer(IMP)	 IMP	팀의 아이디어를 관리 가능한 과제로 전환하는 열심히 일하는 실제적 조직가이다.
전문가 Specialist (SP)	 SP	아이디어를 정리하고 팀 노력을 세련되게 적용하는 외향적이고 역동적인 과제 리더이다.
창조자 Plant(PL)	 PL	창조적이고 상상력이 풍부하며 전통이나 인습에 얽매이지 않아 어려운 문제를 잘 해결한다.
자원탐색가 Resource investigator(RI)	 RI	의사소통 기술과 사회적 수용 태도가 뛰어난 역할을 하는 팀 조정자이다.
냉철 판단자 Monitor evaluator(ME)	 ME	냉정하고 전략적이며 총명하여 모든 안을 살피고 정확히 분석하는 판단자이다.
분위기 조성자 Teamworker(TW)	 TW	협력적이고 온화하며 남의 말을 잘 경청하고 마찰을 피하며 조직을 평온하게 한다.
최종 완결자 Completer(CF)	 CF	모든 자세한 사항도 점검하여 실수나 빠진 것을 찾아내고 주어진 시간에 일을 해내는 완벽주의자이다.

모든 역할자가 존재하면 팀이 균형 잡히고 효과적이 된다. 이와 같은 팀은 다음과 같은 특성을 가진다.

- 팀의 자원을 최대한 이용한다.
- 좌절을 극복할 수 있는 능력을 갖춘다.
- 적응력을 발휘한다.
- 창조적인 핵심 멤버를 지니고 있다.

벨빈은 팀 구성원에게 가장 잘 맞거나 보조적인 팀 역할을 확인할 수 있도록 자기 평가 질문지를 개발하였다. 하지만 이것이 유일한 방법은 아니다. 벨빈 접근법과 마저리슨-맥켄(Margerison-McCann) 접근법과 마이어스(S. P. Myers)가 개발한 관리 팀 역할 지표(Management Team Role Indicator)과 같은 다른 접근법도 있다.

만약 팀 구성을 적절하게 한다면 결과적으로 팀은 개인적인 멤버의 능력과 기술의 합을 뛰어넘는 잠재력과 시너지를 가지게 될 것이다. 다음과 같은 팀 구성원을 선택한다면 가능하다.

- 과제 수행 기술만큼이나 대인 관계 기술을 보유
- 팀에서 다른 사람의 역할을 보충하는 적응 능력
- 팀 내부와 외부의 균형 잡힌 역할을 준비함

TEAMWORK TIP	당신의 팀의 환경은? • 당신의 팀에서 구성원의 적절한 조합은 팀의 성공의 열쇠이다. • 반드시 팀 구성원이 많은 대규모 팀이 필요한 것은 아니다. 보통 5명이 충분하다. • 사람들이 팀에 따라 서로 다르게 행동한다는 것을 기억하라. • 다음과 같은 사람들로 팀원들을 구성하자 – 적절한 과제 수행 능력을 가진 사람 – 좋은 대인관계 기술들을 가진 사람 – 팀의 부족한 부분을 보충하기 위해 그들의 팀 역할을 조절할 수 있는 사람 Phill Baguley

4. 팀의 일반 규칙

옛말에 '좋은 울타리가 좋은 이웃을 만든다'는 말이 있다. 이는 이웃집 간의 명확한 경계를 확립하는 것이 좋은 이웃을 만든다는 것이다. 즉 경계로 인한 갈등의 가능성을 처음부터 없애는 것이다. 사람들 간의 상호작용이 활발한 팀 안에서도 명확한 경계는 매우 중요하다.

팀의 상호작용은 상호간의 몰이해, 의사소통의 오해, 불일치, 갈등 등의 가능성도 확대시킨다. 이는 성, 인종, 종교, 문화, 국가, 정치 등의 차이로 인해 팀 구성원들이 가지고 있는 인성, 목표, 동기, 야망, 그리고 일의 수행 방법 등이 저마다 다르기 때문이다.

팀은 공동의 임무를 가진 사람들 간의 집단이다. 명확한 경계는 팀 임무를 수행하는 데 매우 중요하다. 팀의 일반 규칙을 정하는 접근은 여러 가지가 있다. 어떤 회사는 개별 팀 안에서 일반 규칙을 정하기도 한다. 이러한 팀 안에서 정한 일반 규칙은 팀 구성원들이 다른 사람을 보다 잘 수용하며, 동료들의 압력으로 인해 강화되는 이점이 있다. 반면에 이러한 접근은 팀 간의 통일성이 부족하다는 단점이 있다. 모든 팀들이 서로 다른 일반규칙을 가지고 있으면, 팀 간의 문제가 발생했을 경우나, 한 사람이 여러 팀에 속해 있을 경우에 해결이 어렵다는 난점이 있다. 따라서 어떤 회사는 동일한 일반 규칙을 만들고 그것을 각 팀에게 전달한다. 이 접근법은 회사 전체의 통일성에 이점을 주지만, 팀 안에서는 자신들의 일반 규칙이라는 생각이 부족하다. 이 두 가지 접근법은 서로 배타적이고 화해할 수 없는 딜레마이다. 그래서 제3의 접근법으로 앞서 두 가지 접근의 장점을 활용한 일반 규칙을 개발하는 것이 중요하다(Goetsch, 2004).

1) 팀 일반 규칙 개발하기

회사에서 통일성을 가지면서도 각 팀만의 일반 규칙을 개발하는 일반적 절차는 다음과 같다.

- 일반 규칙을 만드는 데 고려할 수 있는 표준 목록 개발을 위한 상호기능 팀(CFT: cross functional team)을 구성한다.
- 회사에서 일반 규칙 초안을 회람하여 요구 사항을 수집한다.

- 일반 규칙 위원회는 회람 과정에서 수집된 요구 사항을 반영하여 표준 목록을 최종적으로 작성한다.
- 모든 팀 리더에게 최종 표준 목록을 주고 팀의 일반 규칙을 개발하는 데 지침으로 사용하도록 한다.

① 상호기능 팀을 구성한다.

상호기능 팀은 적어도 모든 부서에서 참여토록 하고 회사 전체의 광범위한 상황이 반영되고 대표성을 갖도록 한다. 이 팀이 모든 부서에서 왔기 때문에 회사의 CEO는 표준 목록을 개발하기 위한 팀 강령을 개발할 필요가 있다. 다음은 그 예시이다.

> **팀 강령**
> **일반 규칙 표준 목록 개발 위원회**
>
> - **위원장** : ○○○
> - **임무**—일반 규칙 표준목록 개발 위원회의 임무는 각 팀이 그들의 일반 규칙을 만들 때 고려할 수 있는 표준 목록을 개발하는 것이다.
> - **목표**
>   1. 일반 규칙을 위한 표준 목록 초안을 개발한다.
>   2. 모든 고용원에게 표준 목록 초안을 회람하여 요구를 수집한다.
>   3. 수집된 요구 사항에 기초하여 최종 표준 목록을 개발한다.
> - **과제 할당**
>
>   모든 위원들은 위원회 모든 활동을 참여한다.
> - **일정**
>
> | | |
> |---|---|
> | 1. 초안 작성 | 1월 15일 |
> | 2. 초안의 회람 | 1월 30일 |
> | 3. 최종 표준 목록 개발 | 2월 15일 |

② 일반 규칙의 초안을 만들어 회람한다.

일반 규칙 개발 위원회는 활용 가능한 표준 목록의 초안을 개발하고, 그 초안을 회람시킨다. 각 초안의 항목에서 제거할 항목과 첨가해야 할 항목을 수집한다. 다음 그림은 표준 목록 초안의 예이다.

팀 일반 규칙에서 고려할 목록	
• 정직	• 신뢰
• 무욕	• 상호 의존성
• 연합	• 책임
• 협력	• 솔선수범
• 다양성	• 자원동원력
• 시간 정확성	• 관용/민감성
• 인내	• 지원
• 갈등 해결	• 자각
• 출석	• 참여
• 존중	• 예의
• 지도력	• 동료애
• 의사소통	

③ 팀 리더에게 최종 표준 목록을 제공한다.

일반 규칙의 최종 목록은 팀 내의 일반 규칙을 정하기 위한 가이드라인으로 활용토록 모든 팀의 리더에게 제공한다. 다음은 각 팀에서 개발한 일반 규칙이다.

팀 일반 규칙 – 안전위원회	.팀 일반 규칙 – 설계/계획 팀
• 정직과 신뢰 우리 팀의 구성원은 서로 간의 신뢰를 위하여 정직해야 한다. • 상호의존성과 시간 지키기 우리 팀의 구성원은 정시에 도착하고 모든 과제, 책임, 과제 할당을 완성하기 위하여 상호의존적으로 일을 수행한다. • 존중/관용/민감성 우리 팀의 구성원은 매일 매일 상호작용하면서 서로를 존중하고, 관용, 민감성으로 배려한다. • 연합/ 지원/ 협력 우리 팀의 구성원은 작업을 수행하는 과정에서 상호지원과 협력을 통하여 서로의 연합을 증진시킨다.	• 신뢰 팀 구성원은 정직, 상호의존, 협력, 상호지원을 통하여 신뢰를 구축한다. • 책임감 팀 구성원은 각자의 과제에 책임을 지고, 개인적인 욕심을 버리고, 좋은 출석과 시간 지키기, 적극적 참여, 상호지원을 보여줌으로써 책임을 진다. • 관용 팀 구성원은 개인차를 존중하고 세심하게 배려해서 관용의 환경을 유지한다.

이 두 일반 규칙은 얼핏 보면 서로 다른 것처럼 보이지만, 자세히 관찰하면 같은 맥락임을 발견할 수 있다. 안전위원회 팀의 일반 규칙은 관련 있는 두세 개의 항목에 따른 규칙을 작성하였고, 설계/계획 팀의 일반 규칙은 크게 신뢰, 책임감, 관용을 중심으로 하위 항목을 규칙 내용 속에 반영했음을 알 수 있다.

3 책무성 확립하기

주요개념

■ 팀 책무성, 형식적 책무성(formal accountability)과 비형식적 책무성(informal accountability), 팀 리더 책무, 팀 구성원 책무, 팀 동료 책무, 팀워크 진단 도구

팀 강령과 팀 일반 규칙은 팀 전체와 팀 개인에게 일정한 행동을 기대하게 한다. 팀 리더는 팀이 적절히 그들의 강령을 시간 안에 만족시키기를 기대한다. 팀 구성원은 팀 강령의 충분한 지원을 받고 일을 수행하는 것을 기대한다.

이러한 기대가 존재할 때, 반드시 책무성이 요구된다. 책무가 없는 기대는 마치 이빨 없는 호랑이와 같다. 책무성은 성공적인 팀워크를 위한 공식에서 핵심 요소이다. 전체 팀의 리더와 팀 구성원은 팀의 수행에 책무를 지니고 있어야 한다. 책무성은 자연스럽게 어떻게 개인이 행동을 결정하는지, 어떻게 팀의 수행에 영향을 주는지에 따른 긍정적 혹은 부정적 결과를 반영하게 된다(Goetsch, 2004).

1. 책무성을 위한 기초 확립

회사에서 가장 나쁜 실수 중의 하나는 팀 수행을 위한 지원과 자원을 뒷받침해주지 않고 팀이 책무만 갖도록 하는 것이다. 팀 책무성의 효과적인 프로그램은 견고한 기초 위에 세워져야 하는 집과 같다. 팀은 〔표 3-1〕의 목록이 충족될 때 책무성을 위한 견고한 기초를 가졌다고 볼 수 있다.

팀의 과제 수행에 따른 책무성을 세우기 위한 필요한 네 가지 요소를 〔표 3-1〕에서 보여주고 있다. 첫 번째와 두 번째 요소는 팀 강령과 일반 규칙에서 제시하였다. 즉 팀 강령에서 팀의 임무가 팀의 기대를 진술하고 있고, 팀의 일반 규칙은 팀이 추구하는 일의 범위 안에서 행동의 지침을 설명하고, 팀의 목표는 성공적인 팀 임무가 어떻게 결정되는지 명확하게 보여준다(모든 목표는 정해진 시간 안에 달성되어야 한다).

팀워크와 과제 수행과 관련된 기술의 훈련 또한 책무성을 위한 기초적인 요소이다. 팀 구성원이 그들이 임무를 수행하는 방법을 모른다면 과제 수행이 어려울 것이다, 나중에 팀 구성원으로서의 다양한

[표 3-1] 효과적인 팀의 책무성 시스템에서의 견고한 기초

팀 책무성의 기초를 세우기 위한 요소
• 팀 구성원은 전체 팀에 대하여, 그리고 개인에 대하여 기대되는 것이 무엇인지를 이해해야 한다. • 팀 구성원은 어떻게 기대들이 결정될 것인지 이해해야 한다. • 팀 구성원은 기대를 채우기 위해 필요한 훈련을 계속해야 한다. • 팀에게 기대를 채우기 위해 충분한 지원과 자원이 주어져야 한다.

훈련 방법을 제시할 것이다. 그리고 잘 유지된 시설, 첨단 장비, 올바른 도구, 충분한 시간도 성공적인 과제 수행을 위하여 필요하다. 이러한 것들을 고위 관리자들이 충분히 지원해야 한다.

2. 형식적 책무성과 비형식적 책무성

책무성에는 형식적 책무성과 비형식적 책무성의 두 가지 유형이 있다. 형식적 책무성은 두 가지 과정을 포함한다: (1)팀 강령에 제시한 성취도에 기초한 팀 수행에 대한 지필 평가 (2)팀의 일반 규칙에 기초한 팀 구성원에 대한 평가.

팀 리더들은 책임 있는 고위 관리자에 의하여 팀 강령의 성취도에 따라 형식적 평가를 받는다. 평가가 없는 책무성은 없으며, 형식적 평가는 구체적 평가 기준과 준거를 가지고 있어야 한다.

이러한 형식적 평가 이외에 비형식적 평가도 팀의 책무성에서 매우 중요하다. 비형식적 책무성은 (1)팀 리더에 의하여 지속적인 점검과 (2)팀 동료에 의한 지속적 점검의 두 가지가 있다.

1) 팀 리더에 의한 지속적인 점검(monitoring)

형식적, 정기적, 지필 평가는 팀 책무성에서 매우 중요하다. 그러나 지필 평가는 일반적으로 일이 수행된 다음에 이루어진다. 이는 중요한 목적은 달성되지만, 다음 팀 과제를 할당하기까지 팀의 과제 수행

능력을 개선하는 데 기여할 수 없기 때문이다. 실시간에 그 시점에서 팀의 과제 수행 개선을 위해서는 팀 리더는 팀 구성원의 과제 수행에 대하여 긍정적 피드백과 수정을 요구하는 피드백을 당장 반영할 수 있도록 계속적인 점검이 필요하다.

그리고 팀들을 관리하는 상위 팀 리더는 팀 미팅의 면대면 만남과 보고서를 통하여 질문하고, 전화, 이메일 등으로 최근의 팀 회의 등을 점검한다. 이는 그 시점에서 팀의 수행을 개선하기 위하여 격려와 수정하는 기회를 제공해준다.

2) 팀 동료에 의한 지속적 점검(monitoring)

최고의 팀 과제 수행은 팀 구성원들이 동료 점검을 통하여 그들 자신의 규칙을 강화했을 때 이루어진다. 사람들은 삶의 대부분에서 동료들의 압력에 민감하다. 이는 부정적인 경우도 있지만 마찬가지로 긍정적인 영향을 끼치는 경우가 많은 것도 사실이다. 동료 점검의 기본적 효과는 팀 구성원 간에 매우 강력하고 은밀하며, 서로의 관계를 배려해준다.

팀 리더는 그들의 팀 구성원 간에 발달된 신뢰가 적절한 수준에 이르렀을 때를 판단해야 한다. 충분한 신뢰가 구축되었다고 판단한다면 팀 구성원에게 서로의 일들을 도와주기를 기대한다고 말할 수 있다.

3. 팀 리더를 위한 책무성

팀 리더는 팀의 수행에 대하여 일차적인 책임을 지는 사람이다. 동전의 양면같이 책임은 책무를 갖게 한다. 스포츠 팀의 코치와 마찬가지로 팀이 실패했을 때 실제로 코치의 잘못이 아니더라도 비난은 코치에게로 가는 것과 같은 이치이다.

실제 작업 현장에서 팀 수행의 책무성은 팀 강령에 기초하여 기대하는 결과와 팀의 수행 결과를 비교하는 형식적 평가에 의하여 이루어진다. 이 비교평가는 팀 리더의 책임을 묻는 일차적 요소이다. 이차적 요소는 팀 리더 개인의 정규적, 정기적 수행 결과의 평가이다.

1) 팀 수행에 기초한 책무성

팀 수행 결과를 측정하는 것은 성취되어야 할 팀 강령의 목표의 범위를 평가하는 것이다. 이는 팀의 유형과 관계없이 이루어진다. 〔표 3-2〕는 팀 강령에 제시된 목표에서 발췌된 평가 기준이다.

[표 3-2] 팀 강령에서 발췌된 목표의 평가 기준의 예

팀 강령에서 발췌된 목표
• 프로젝트 02-XT의 설계 계산은 1월 15일까지 완성한다. • 프로젝트 02-XT의 설계 제도는 2월 10일까지 완성한다. • 프로젝트 02-XT의 재료 청구 목록은 2월 17일까지 완성한다.

이것은 공학 건설 프로젝트의 사례로서, 중요한 사실은 주어진 시일 안에 수행되고, 검토되고, 수정되어야 한다. 만약 설계 계산을 정해진 시일까지 마치지 못하면 다른 팀 구성원에게 영향을 미치고 나아가 다른 팀에게도 영향을 주기 때문에 공학 기술 팀에서 정해진 시일은 팀의 책무에 매우 중요한 요인이 된다. 만약 팀의 과제를 다 수행하지 못했을 경우, 팀의 책무를 묻는 평가는 정해진 공간에서 협의가 이루어질 수 있다. 과제 수행을 어렵게 한 통제할 수 없는 요인이나 방해물이 없었는지를 확인한다. 팀 리더는 그 자리에서 팀의 상황을 자세히 대변하고, 필요한 경우 팀 강령의 수정을 협의할 수도 있다.

2) 팀 리더의 정기적인 수행 평가

팀 리더는 팀 자체의 의무에 대하여 평가를 받는 것 이외에 다른 책임을 지고 있다. 팀 리더는 작업 수행의 모든 양상에 대한 정기적인 평가를 받는다. 즉 형식은 다양하지만 팀 리더의 지도 능력을 평가한다. [표 3-3]은 팀 리더를 평가하는 수행 평가의 준거의 예이다.

[표 3-3] 팀 리더를 평가하는 수행 평가의 준거의 예

팀 리더십					
3	6	9	12	15	Rating
대체로 기대에 충족 못함	가끔 기대에 충족 못함	가끔 기대를 충족 시킴	자주 기대를 충족 시킴	대부분 기대를 충족 시킴	

4. 팀 구성원을 위한 책무성

팀 리더의 책무는 팀 강령에서 출발하지만, 팀 구성원의 책무는 일반 규칙에서 출발한다. 팀 강령이 팀 리더의 수행을 평가하는 데 중요한 것처럼, 일반 규칙은 팀 구성원의 수행을 평가하는 데 중요하다. [표 3-4]는 팀 구성원을 평가하는 기준을 제시한 것이다. 이는 긍정적인 팀 행동을 평가해주기도 하지만 팀 구성원 개인의 기술적인 작업 능력을 평가할 수도 있다.

5. 팀 동료의 책무

올바르게 과제가 수행될 때, 동료의 책무는 팀 내에서의 책무를 따지는 가장 효과적인 수단이 될 수 있다. 과제를 수행할 때 팀 구성원 사이에서 서로에 대한 책무가 높을수록 감독을 덜 할 수 있다. '우리가 실패하면 함께 실패하고, 성공하면 함께 성공한다'는 동료 사이의 책무는 매우 중요하다. 효과적인 동료 책무를 확립하기 위하여 팀 리더는 작업 현장에서 다음과 같은 환경을 갖추도록 한다.

- 팀 구성원에게 기대하는 긍정적 행동의 모범을 제시한다.
- 팀에 기대하는 것이 무엇인지를 재인식시킨다(특히 팀의 일반 규칙).
- 동료 책무에 대하여 공개적으로 그리고 자주 말한다.
- 동료 책무를 강화한다.

팀 구성원의 수행 평가 준거	
5=항상 그렇다 4=보통 그렇다 3= 가끔 그렇다 2=거의 그렇지 않다 1= 전혀 그렇지 않다	
평가 준거	평점
• 다른 팀 구성원에게 정직하다.	
• 자신보다 다른 팀 구성원의 요구를 존중한다.	
• 팀 내에서 팀 연합을 촉진하는 행동을 한다.	
• 과제를 수행할 때 협력한다.	
• 다양한 배경을 지닌 팀 구성원과 함께 일을 잘 수행한다.	
• 시간을 잘 지킨다.	
• 작업이 어려울 때 인내하며 감수한다.	
• 긍정적인 태도로 갈등을 해결한다.	
• 팀의 기대를 충족한다.	
• 과제를 수행할 때 다른 사람을 존중한다.	
• 수준 높은 과제 수행을 도울 수 있는 리더십 기술을 발휘한다.	
• 효과적으로 의사소통을 한다.	
• 팀의 수행에 책임을 진다.	
• 팀 내에서 신뢰를 쌓는다.	
• 팀에서 다른 팀원에 의존적인 관계를 유지한다.	
• 과제가 잘 수행되도록 솔선수범한다.	
• 과제 수행을 위해 자원 동원력이 있다.	
• 팀 구성원 간의 개인차를 관용으로 대한다.	
• 팀 구성원에게 지원과 도움을 준다.	
• 팀 과제 수행에 영향을 주는 최근의 정보를 인식한다.	
• 팀 활동에 적극적으로 참여한다.	
• 팀 과제 수행에서 다른 사람에게 예의를 갖춘다.	
• 팀 리더의 지시를 기꺼이 따른다.	

[표 3-4] 팀 구성원의 긍정적 팀 행동 수행 평가 준거의 예

■ **팀워크 진단 활동**(Baguley, 2003)

다음은 팀워크를 진단하는 활동이다. 질문지는 팀, 팀 리더, 팀 구성원을 위한 세 가지 질문이다. 다음 질문에 대하여 솔직하게 응답하라. 정답은 없으며 솔직하게 응답해야만 한다. 세 가지 영역 모두 질문에 응답하고 각 영역의 점수를 합하고, 마지막에 총점을 구하여 여러분의 팀워크를 진단해보자.

팀 영역 질문지					
평가 항목	항상 그렇다.	대부분 그렇다.	가끔 그렇다.	대체로 그렇지 않다.	전혀 그렇지 않다.
A1. 우리는 팀의 목적, 목표, 임무를 명확하게 이해하고 있다.	1	2	3	4	5
A2. 팀으로서 우리는 무엇을 하는지, 어떻게 하는지를 알고 있다.	1	2	3	4	5
A3. 우리는 서로 돕고 협력한다.	1	2	3	4	5
A4. 팀 목표는 개인의 목표보다 중요하다.	1	2	3	4	5
A5. 팀 리더는 돌아가면서 한다.	1	2	3	4	5
A6. 팀 모임은 출석률이 높고, 능동적이고 유용하다.	1	2	3	4	5
A7. 팀의 갈등은 건설적으로 활용된다.	1	2	3	4	5
A8. 팀의 의사소통은 명확하고 효과적으로 수행된다.	1	2	3	4	5
A9. 팀은 함께 시간을 많이 보낸다.	1	2	3	4	5
A10. 팀의 수행과정과 결과를 평가하고 모니터링한다.	1	2	3	4	5
A11. 팀 구성원은 서로에게 관대하다.	1	2	3	4	5
A12. 팀 구성원은 서로 신뢰한다.	1	2	3	4	5
팀 질문 영역 총점					

팀 리더 영역 질문지					
평가 항목	항상 그렇다.	대부분 그렇다.	가끔 그렇다.	대체로 그렇지 않다.	전혀 그렇지 않다.
B1. 나는 팀 구성원들과 이 역할을 공유하는 게 행복하다.	1	2	3	4	5
B2. 팀 구성원의 과제 수행 능력을 확장하도록 격려한다.	1	2	3	4	5
B3. 나는 팀 구성원을 신뢰한다.	1	2	3	4	5
B4. 나는 과제와 팀에 적합한 관리 스타일을 적용한다.	1	2	3	4	5
B5. 나는 팀의 모든 쟁점에 대하여 명확하고 효과적으로 의사소통한다.	1	2	3	4	5
B6. 나는 미리 팀 미팅을 계획한다.	1	2	3	4	5
B7. 나는 팀 구성원이 자유롭게 의견 개진을 하도록 개방한다.	1	2	3	4	5
B8. 나는 팀 과제가 잘 수행되도록 보호막이 된다.	1	2	3	4	5
B9. 나는 팀을 조정하고, 코치하고, 조언해야 한다.	1	2	3	4	5
B10. 나는 좋은 일의 수행을 인식하고 고마움을 표현한다.	1	2	3	4	5
팀 리더 질문 영역 총점					

팀 구성원 영역 질문지					
평가 항목	항상 그렇다.	대부분 그렇다.	가끔 그렇다.	대체로 그렇지 않다.	전혀 그렇지 않다.
C1. 나는 이 팀의 구성원이라는 것이 즐겁다.	1	2	3	4	5
C2. 나는 팀에서 기술을 획득하고 나의 직무를 개선한다고 느낀다.	1	2	3	4	5
C3. 이 팀에서 좋은 팀 구성원이 되는 것은 나의 직업능력을 향상시킬 것이다.	1	2	3	4	5
C4. 나는 나의 직무수행능력과 대인관계기술을 모두 할 수 있는 한 최대한 발휘한다.	1	2	3	4	5
C5. 다른 팀 구성원과의 협력은 반드시 필요하다.	1	2	3	4	5
C6. 나의 팀워크는 팀 과제 수행 능력을 높인다.	1	2	3	4	5
C7. 나는 갈등이 팀에 건설적인 기회가 되기 위하여 다른 팀 구성원과 함께 열심히 과제를 수행한다.	1	2	3	4	5
C8. 팀 목표는 나의 목표보다 중요하다.	1	2	3	4	5
C9. 나는 팀에서 다른 사람들을 신뢰한다.	1	2	3	4	5
C10. 나는 명확하고 효과적인 방법으로 다른 팀 구성원과 의사소통을 한다.	1	2	3	4	5
C11. 나는 다른 사람들이 말하는 것을 경청한다.	1	2	3	4	5
팀 구성원 질문 영역 총점					

- 팀 영역 총점 [점]
- 팀 리더 영역 총점 [점]
- 팀 구성원 영역 총점 [점]
- 전체 총점 [점]

평가

- 37~74 : 당신의 팀은 최고의 팀이다. 계속 유지하라.
- 75~111 : 당신의 팀은 잘 수행하고 있지만, 몇 개 영역에서는 문제가 있을 수 있다. 점수가 2점이나 3점으로 된 부분을 체크하고 팀워크 개선을 위한 전략을 보충하라.
- 112~148 : 여러분의 팀에는 몇 가지 문제가 있다. 가장 높은 점수 영역을 추출하고 무엇이 잘못되었는지 확인하라. 앞서 배운 팀워크 전략을 검토한 뒤에 팀 개선 전략을 세우라.
- 149~185 : 아마도 농담인 것 같다. 다시 문제를 읽고 질문에 응답하라. 그래도 같은 결과가 나온다면 당신은 혼자서 일하는 천재?

우리 팀 슬로건

팀워크 계발 활동 3
TEAM BUILDING

• 목표

팀워크를 다지기 위하여 정체감을 갖기 위한 활동과 기회를 제공한다.

• 준비물

플립 차트 종이와 각 그룹을 위한 매직펜

• 절차

1. 10여 분 동안 팀 이름, 팀 슬로건, 팀 로고를 구상한다.
2. 팀 이름, 슬로건, 로고가 완성되면 소개를 하고, 팀 안에서는 의도적으로 사용 횟수를 늘린다.

• 활동 토의

1. 여러분은 팀의 이름, 슬로건, 로고는 어떻게 선택했는가? 세 가지 과제를 각각 완성하기 위해 어떤 기준을 사용했는가?
2. 당신의 팀에 대하여 지금의 느낌은 어떠한가? 미래의 과제를 더 성공적으로 해낼 수 있겠는가? 팀에 소속되어 일을 하는 것이 개인적으로 만족을 주겠는가?

최고의 팀, 최악의 팀

팀워크 개발 활동 4

TEAM BUILDING

• 목표

좋은 팀과 나쁜 팀의 조건과 상황들을 확인하여 좋은 팀 구성원이 될 수 있도록 한다.

• 준비물

활동지(최고의 팀, 최악의 팀)

• 절차

1. 팀 구성원은 최고의 팀이 갖는 특성을 왼쪽에 기록한다.
2. 팀 구성원은 최악의 팀이 갖는 특성을 오른쪽에 기록한다.

최고의 팀	최악의 팀

3. 팀 별로 작업이 완성되면 발표를 한다.
4. 최고의 팀과 최악의 팀의 공통적인 특성을 중심으로 각각 5가지 특성을 선정한다.

꿈을 이루어가다

팀워크 개발 활동 5
TEAM BUILDING

• 목표

긍정적인 풍토와 팀원들 간의 협동심을 조성하기 위하여.
팀의 비전과 목표를 발전시키기 위해서.

• 준비물

플립차트

• 절차

1. 팀원들에게 지금부터 1년 동안 팀이 이상적으로 수행하는 활동의 정신적 이미지를 2분 동안 상상해보도록 하자.
2. 팀 구성원 모두에게 바라는 팀의 비전을 1분 동안 설명하게 한다.
3. 각자의 내용을 기록하고 핵심적 실천 계획을 정리한다.

• 활동 토의

1. 팀의 모든 계획이 얼마나 실현 가능한가? 지금부터 1년간 바람직한 목적을 성취할 것인가?
2. 어떤 요소가 당신이 성공하는 데 방해가 될까?(예를 들어: 목표와 계획에 있어서 동의의 부족, 자원의 부족, 예측 불가능한 사건)
3. 얼마나 자주 당신이 목표를 향한 진행 상황을 돌아볼 것인가?

• 팁

팀의 목표와 행동계획을 잊어버리지 않도록 하기 위하여 '1년 동안 우리 팀의 목표와 비전'을 만들어 각자 소지하고 서로를 점검한다.

| 성찰과 토론 | *Reflection & Discussion*

1. 팀에서 팀 강령을 마련하는 목적, 포함되어야 할 요소는 무엇이며, 왜 필요한가? 팀 강령을 만들어보자.
3. 잘 작성된 팀 임무 진술은 어떠한 특징을 가지는지 조사해보고, 팀 임무를 진술해보자.
4. 팀 목표는 왜 중요한지, 그리고 잘 진술된 팀 목표는 어떠한 특징을 가지는가? 또한 팀 목표를 진술해보자.
5. 좋은 팀의 환경과 나쁜 팀의 환경을 비교 설명해보자.
6. 팀에는 다양한 역할이 필요하다. 벨빈의 9가지 팀 역할 유형 중에서 당신은 어디에 속하는지 판단해보고, 당신이 팀에 어떻게 기여할 수 있는지 말해보자.
7. 책무성의 개념이 팀에서 왜 중요한지와 팀 수행에서 팀의 책무를 묻는 것이 왜 중요한가?
8. 성격유형별 지도자 유형을 분류하고 당신은 어떠한 지도자 유형인지를 가늠해보고, 당신이 가진 강점, 보완점, 문제해결 스타일을 제시해보자.
9. 팀 책무, 팀 리더의 책무, 팀 구성원의 책무를 살펴보고, 책무와 팀의 성공과의 관계를 토론해보자.
10. 다음은 이상적인 팀 구성원의 행동특성을 제시한 것이다. 여러분의 팀에서의 행동특성과 비교해보고 장단점을 추출해보자.

이상적인 팀 구성원

- 명료하게 의사소통한다.
- 보다 많은 과제와 책임을 기꺼이 자원한다.
- 긍정적이다.
- 비평을 수용한다.
- 팀 안에서 다른 구성원과 잘 지낸다.
- 성실하고 배려심이 높다.
- 큰 그림을 이해한다.
- 높은 유머 감각을 지니고 있다.
- 필요한 경우 물러설 줄 안다.
- 유연하고 융통성이 있다.

11. 형식적 책무와 비형식적 책무를 예를 들어 비교해보라.
12. 팀 리더와 팀 동료의 지속적인 점검에 대하여 설명하라.
13. 어떻게 팀 리더와 팀 구성원의 책무를 평가하는지 알아보고 공통점과 차이점을 토론해보자.
14. 동료 책무는 무엇이며, 왜 중요하며, 팀 리더는 어떻게 효과적인 동료 책무를 확립할 수 있는가?
15. 팀 리더의 역할과 구체적인 의무 열 가지를 열거하고 그 의미를 토의해보자.
16. 효율적인 팀 구성원이 되기 위한 전략은 무엇인가?
17. 팀의 일반 규칙에서 팀에서 작성하는 경우와 회사에서 작성하는 경우의 차이점과 장단점은 무엇인가?

18. 가장 합리적인 팀의 일반 규칙을 마련하는 절차는?

19. 베이글리가 제시한 팀, 팀 리더, 팀 구성원의 질문지에 답해보고, 실제로 여러분 팀워크를 진단해보자. 그리고 그 결과를 통하여 여러분 팀의 개선점을 추출하고 그 개선 전략을 토론해보자.

참고문헌

김정택 · 심혜숙(1990), 「성격유형검사(MBTI)의 한국표준화에 관한 연구」, 『상담과 심리치료』, 3(1), pp. 44~72.

민경환(2002), 『성격심리학』, 법문사.

Bagulary, P.(2003), *Teams and Team-working*, Chicago, Ill: MaGraw-Hill.

Baguley, P.(2003), *Teams and Team-Working*, McGraw-Hill.

Bennis, W. & Nanus, B.(1985), *Leaders: The Strategies for Taking Charge*, New York: Harper & Row.

Goetsch, D.(2004), *Effective Teamwork: Ten Steps for Technical Professions. Net Efect Series*, Columbus, Ohio, Pearson Prentice Hall.

Hirsh, S. K. & Kise, J. A. G.(2006), *Work it Out: Using Personality Type to Improve Team Performance*, Mountain View: Publishing Davies-Black.

Rees, F.(1997), *Teamwork from start to finish.: 10 steps to results*, An Imprint of Jossey-Bass Inc., Publishers.

Scholtes, P. P.(1996), *The Team Handbook*, Madison, WI: Joiner Association.

Smith, K. A.(2004), *Teamwork and Project Management*, Boston: McGraw-Hill – Higher Education.

Stewart G. L., Manz, C. C. & Sims, Jr. H. P.(1999), *Team Work and Group Dynamics*, New York: John Wily & Sons, INC.

Stewart, G. L., Manz, C. C. & Sims, Jr, H. P.(1999), *Team Work and*

Group Dynamics, New York: John Wiley & Sons, INC.

Wellins, R. S., Byham, W. C. & Willson, J. M.(1991), *Empowered Teams: Creating self-directed work groups that improve quality, productivity, and participation*, San Francisco, CA: Jossy-Bass Inc.

West, M. A. & Markiewicz, L.(2004), *Building Team-Based Working: Practical Guide to Organizational Transforming*, BPS Blackwell.

3부

팀워크 기술 개발

앞을 보지 못하는 사람이 밤에 물동이를 머리에 이고, 한 손에는 등불을 들고 길을 걸었다. 그와 마주친 사람이 물었다. "정말 어리석군요. 앞을 보지 못하면서 등불은 왜 들고 다닙니까?" 그가 말했다. "당신이 나와 부딪히지 않게 하려고요. 이 등불은 나를 위한 것이 아니라 당신을 위한 것입니다."

— 바바 하리 다스.

팀워크의 기본 철학은 배려에서 시작된다.

문제의 제기

팀이 수행되는 과정에서의 팀 리더십, 의사소통, 갈등관리, 의사결정은 팀워크 계발의 핵심 기술인 동시에 결정적 영향을 미치는 요인이다. 여기에서는 이와 같은 핵심 주제를 중심으로 그 이론적 기초와 개발 기술을 다루고자 하며, 기본적 학습 문제는 다음과 같다.

❶ 팀 리더십의 의미, 오해, 유형, 윤리 등과 관련하여 팀 리더가 개발하여야 할 기술은 무엇인가?

❷ 팀 활동에서 왜 의사소통이 중요한지, 의미가 무엇이며, 그리고 장애요인은 무엇인가?

❸ 비언어적 의사소통과 구두 의사소통은 어떻게 다른지 그리고, 의사소통의 개선전략은 무엇인가?

❹ 팀에서 흔히 발생될 수 있는 갈등이 무엇을 의미하는지 그리고, 갈등에 대한 접근 방법과 전략은 무엇인가?

❺ 의사결정의 의미와 방법은 어떠한 것들이 있으며, 의사결정을 위한 문제와 과정은 무엇인가?

❻ 팀을 위한 의사결정 모델, 정보, 창의성은 어떻게 반영되며, 구성원의 참여 전략은 무엇인가?

1 팀 리더십 기술 개발하기

주요개념

■ 팀 리더, 리더 오해(myths), 팀 리더의 힘, 팀 리더 유형, 팀 리더 윤리

팀 리더십은 팀에서 일관되게 최고의 성공을 보장하는 가장 중요한 요소이다. 좋은 리더십을 가지고 있다면, 보통의 사람들로 예상외의 성과를 가져올 수 있다. 반면에 리더십이 없다면 가장 재능이 많은 사람들일지라도 기대 이하의 성취를 이룰 수도 있다. 이 장에서는 팀을 이끌기 위한 책임이 주어진 경우 어떻게 리더십을 개발하는가를 설명한다(Goetsch, 2004).

1. 팀 리더를 개발하기

지금까지 가장 오래된 논쟁 중의 하나는 리더십이 타고나느냐 아니면 만들어지는가이다. 이러한 논쟁은 리더십이 학습될 가능성이 있는가의 문제이다. 이러한 논쟁은 아직도 해결되지 않았으며, 아마도 앞

으로도 해결되지 않을 것이다. 보다 확실한 결론은 이 두 주장이 어느 정도 모두 맞다는 것이다.

운동선수와 마찬가지로 선천적으로 어느 정도 타고난 재능도 있지만 후천적인 훈련에 의하여 길러질 수 있는 측면이 있다는 것이다. 즉 타고난 운동선수는 출발점이 다를 수 있지만 그 이후의 능력은 본인의 의지와 훈련에 의하여 결정된다는 것이다. 리더십에 있어서도 이와 마찬가지로 어떤 관리자는 다른 관리자보다도 타고난 리더십을 지닐 수 있다. 그러나 그들의 개인적 출발점에 관계없이 모든 관리자는 교육, 훈련, 연습, 결정, 노력 등에 의하여 훌륭한 리더가 될 수 있다는 것이다.

공학기술 회사들은 핵심 사원에게 필요한 훈련과 멘토링을 준비하여 리더십 기술을 개발시키는 것을 도울 수 있다. 이러한 리더십 훈련은 리더십 전문가를 회사로 초빙하여 할 수도 있고, 리더십 훈련이 필요한 사원을 대학 또는 리더십 훈련기관에 보내서 할 수도 있다. 또한 온라인을 통해서도 필요한 훈련을 할 수 있다.

접근법에 관계없이, 공학기술 회사들은 훈련 과정에서 어떤 핵심적인 정보가 포함되도록 보증해주어야 한다. 이 장에서는 리더십 훈련 프로그램에서 포함되어야 할 핵심적인 정보를 상기시키고자 한다.

2. 팀 리더십이란 무엇인가?

1) 리더의 힘

리더는 영향력을 행사하며, 그 영향력은 힘에 나온다고 볼 수 있다. 베이글리는 힘(power)의 유형을 다음과 같이 제시하였다.

지위를 가진 힘(position power): 조직에서 주어진 지위나 역할에서 오는 힘으로 흔히 법적인 힘으로 불린다. 이 힘은 조직의 힘과 조직에 의하여 부여된 권한의 힘에 의존한다. 팀 리더에게 이러한 힘이 주어져야 한다.

자원을 보유한 힘(resource power): 모든 조직은 자원을 필요로 한다. 자본, 사람, 기술, 정보 등이 대표적인 자본이며, 이러한 힘을 가졌다면 물건을 살 수 있고, 사람을 관리하고 통제할 수 있고, 특별한 기술을 활용하거나 거래할 수 있고, 더 나은 의사결정을 위하여 정보를 활용할 수 있다.

전문성을 가진 힘(expert power): 이것은 특별한 지식이나 기술을 개발하고 획득할 때 생기는 힘이다. 이는 특별한 프로젝트 수행 과정에서 전문가로 인정받고 자율적 권한을 부여받는다. 구체적으로 상황, 문제, 해결책의 경험, 정보수집과 수행 지식, 실행의 전문성을 가리킨다. 팀 리더가 이러한 힘을 갖추는 것은 매우 중요하다.

품성적 힘(personality power): 인간이 지니고 있는 가치 있는 힘으로 개인의 성격, 인성과 개인의 품성과 관련된 힘이다. 이 힘은 존경과 신뢰를 기초로 하며, 막스 베버는 이 사람을 범상치 않은 사람, 초자연적 초인으로 지칭하기도 한다.

보상적 힘(reward power): 이 힘은 평균 이상의 성취를 했을 때 주어지는 돈, 승진, 희망 부서 발령 등으로 나타난다. 팀에서는 팀 개인보다는 팀 전체를 보상하는 것이 바람직하며, 이는 팀의 긍정적 상호의존성을 높여 팀워크를 강화시킨다.

네트워크 힘(connection power): 이것은 관계와 네트워크, 정치적 힘이다. 이것은 무엇을 알고 있는가보다 누구를 알고 있는가가 더 중요하다. 특히 팀에서도 상부의 지지와 네트워크는 중요하다.

2) 팀 리더의 능력

베니스와 나누스(1985)는 저서 『리더와 리더십』에서 리더의 능력을 세 가지 학습 영역으로 요약하였다.

- **변화에 대한 저항을 극복하기**—어떤 사람들은 힘과 통제를 통하여 이러한 것들을 시도한다. 능력 있는 리더는 공유된 가치와 목표에 대하여 전체적, 의지적, 자발적 태도를 견지함으로써 이러한 것들을 극복한다.
- **팀 내부와 외부의 집단의 상반된 요구를 중재한다**—팀과 다른 부서의 요구가 갈등을 일으킬 때, 능력 있는 리더는 어느 한 쪽이 희생하지 않고 양쪽의 요구를 수용하는 중재안을 찾을 수 있다.
- **팀 전체의 원활한 과제 수행을 위하여 윤리적 기초를 확립한다**—이것

은 다음과 같은 전략으로 성취될 수 있다.

- 윤리적 모범 행동 사례를 마련한다.
- 팀 구성원으로 윤리적 사람을 선택한다.
- 팀 목적을 교감하도록 대화한다.
- 팀과 팀 밖에서 적절한 행동을 강화한다.
- 내부적, 외부적인 윤리적 지위를 분명히 한다.

3) 훌륭한 리더란?

훌륭한 리더는 여러 가지 특성을 보인다. 이러한 특성은 전체적이고, 의지적이고, 자발적인 태도를 추구한다.

훌륭한 리더는 자신이 과제를 잘 수행하고 팀 구성원이 과제를 잘 수행하도록 만들어야 하는데, 이 두 가지의 균형 있는 지도력이 필요하다. 좋은 리더는 항상 긍정적 모범을 제시한다. 즉 역할 모델이 되어야 한다. 행동이 아닌 말로만 하는 관리자는 효과적인 팀 리더가 아니다. 팀 구성원을 움직이기 위해서 팀 리더는 작업자들이 기대하는 일을 최고 수준으로 일관되게 기꺼이 수행할 수 있어야 한다. 예를 들어 팀의 참여가 중요하다면 팀 리더는 일관성 있게 자리를 지켜야 하고, 팀의 시간 준수가 중요하다면 시간 준수의 모범을 보여야한다.

훌륭한 리더는 의사소통을 잘해야 한다. 리더는 팀 구성원의 말에 자발적이고, 인내하면서 숙련된 청취자이다. 리더는 간결하고 명확하게 편안한 태도로 대화할 수 있어야 한다. 리더는 팀 안에서의 자연적 친밀감을 형성하여 의사소통 기술을 확립해야 한다. 좋은 리더는 팀 구성원과 함께 영향력을 받고 긍정적인 태도로 그 영향력을 활용해야 한다. 영향력은 어떤 관점으로 사람들을 움직이는 힘의 예술이다. 팀 리더의 힘은 팀 구성원과 쌓은 신뢰와 그들의 과제 수행의 권위로부터 나온다. 영향력이 없는 힘은 소용없다. 힘은 적당하고 적절하게, 그리고 효과적으로 긍정적 영향력이 미치도록 발휘되어야 한다.

끝으로 훌륭한 리더는 설득력이 있어야 한다. 팀 리더는 영향력 있는 의사소통 기술과 설득력을 보여야 하며, 이 과정에서 전체적이고, 의지적이고, 자발적인 태도로 접근하는 것이 바람직하다.

훌륭한 리더의 특성 체크리스트
_V_ 일과 팀 구성원 간의 균형 잡힌 처치
_V_ 팀 구성원에 대하여 긍정적 역할 모델
_V_ 좋은 의사소통 기술
_V_ 팀 구성원에게 긍정적 영향력
_V_ 팀 구성원들을 잘 설득하는 능력

[표 1-1] 훌륭한 리더의 특성

3. 리더십에 대한 오해

수십 년 동안 리더십에 대한 그릇된 신화들이 전해져오고 있다. 리더는 이러한 오해를 인식하고 그것들을 추방할 수 있어야 한다. 베니스와 나누스(1985)는 이러한 일반적 오해를 다음과 같이 제시하였다.

오해 1: 리더십에는 특별한 기술이 없다.

오해 2: 리더십은 타고나는 것이지 만들어지는 것이 아니다.

오해 3: 리더는 카리스마가 있어야 한다.

오해 4: 리더십은 높은 지위에 있는 사람의 전유물이다.

오해 5: 리더는 통제하고, 지시하고, 명령하고, 조정하는 것이다.

오해 6: 리더는 학습자가 될 필요가 없다.

이러한 오해들을 살펴보면 우리가 흔히 리더를 잘못 판단하는 실수를 바로잡아주는 중요한 메시지를 얻을 수 있다. 리더십에 대한 이러한 오해는 결코 사실일 수 없으며, 훌륭한 지도자라면 가져서는 안 될 생각들이다.

4. 리더십 유형

1) 리더십 유형의 종류

리더십의 유형은 연구자마다 서로 다른 이름으로 분류된다. 괴쉬(2004)는 다음과 같은 다섯 가지 리더십 유형으로 구분하였다.

독재적 리더십—독재적 리더십은 지시적 리더십, 명령적 리더십으로 불린다. 이러한 부류의 리더는 팀 구성원과의 의논 없이 독단적으로 의사결정을 한다. 이러한 리더십은 단기간의 효과를 볼지는 모르지만 장기적으로 효과를 기대하기 어렵다는 비평을 면하기 어렵다. 독재적인 리더십은 팀 체제의 상황에서 적절한 리더십 유형이 아니다.

민주적 리더십—민주적 리더십은 조언적 리더십 또는 합의적 리더십으로 불린다. 이러한 접근을 하는 리더는 팀 구성원과 충분한 대화를 하여 의사결정을 한다. 리더가 최종적인 의사결정을 하지만, 팀 구성원의 요구와 추천 내용을 검토한 후에 결정한다. 이러한 리더십의 단점은 가장 인기 있는 결정이 최선의 결정이 아닐 수 있다는 것이다. 이러한 스타일은 요구되는 결과를 가져오지 못하고 실패하는 타협을 이끌 수도 있다. 따라서 이 리더십 유형도 팀 체제에서는 적절한 것이 못된다.

참여적 리더십—참여적 리더십은 비지시적 리더십으로 알려져 있다. 이 접근법을 취하는 사람은 의사결정 과정 전체에서 약한 형태의 통제를 행사한다. 그들은 문제에 대한 정보를 마련하고, 팀 구성원이 전략과 해결을 개발하도록 요구한다. 이 유형의 중요한 사항은 팀 구성원이 과제해결, 목표성취, 전략개발에 준비성을 갖고 수용할 책임을 보다 많이 갖는다는 것이다. 이 접근의 단점은 모든 사람들이 팀에 최대로 참여함으로써 시간 낭비를 초래할 수 있다는 것이다.

목표 중심 리더십—목표 중심 리더십은 결과 기반 리더십으로 불린다. 이 접근을 취하는 사람들은 팀 구성원이 당장의 목표에만 관심을 갖도록 요구한다. 그러한 사람들의 유일한 전략은 정해지거나 측정가능한 팀의 목표만 검토하는 것이다. 팀에서 팀의 목표와 관계가 적은 인성이나 다른 요인의 영향력은 최소화된다. 이 접근의 단점은 팀 내부의 구체적인 목표에만 매달려 팀 외부의 작은 관심을 잃게 되어 팀의 기회와 잠재력을 깰 수 있다는 것이다. 이러한 결점은 팀 상황에서는 효과를 발휘하기 어렵다.

상황적 리더십–상황적 리더십은 임기응변적 리더십으로 불린다. 이 접근을 취하는 리더는 현재의 상황에 기초하여 가장 적절한 리더십을 선택하여 적용한다. 리더는 상황을 평가하는 데 다음과 같은 요인을 고려한다.

- 리더와 팀 구성원의 관계
- 얼마나 정확하게 구체적인 지침을 실천할 수 있는가?
- 리더가 팀 구성원에게 실제로 가지고 있는 권위의 정도

이러한 요인에 기초하여 관리자는 독재적, 민주적, 참여적, 목표 중심적 접근을 적절히 선택한다. 서로 다른 상황에서 같은 리더라도 다른 리더십 유형을 적용할 수도 있다. 이 접근을 비판하는 사람들은 장기간이 아닌 단기간에 이 접근을 시도하는 것을 거부한다.

한편 베이글리(2003)는 팀 리더의 유형을 동료 유형, 조언적 유형, 참여적 유형, 독재적 유형으로 구분하고 통제, 의사결정, 영향력을 중심으로 다음과 같이 비교하였다.

구분	독재적 유형	동료 유형	조언적 유형	참여적 유형
통제	리더	공유	공유	팀
의사결정	리더	조언 후	공유	위임
영향력	말하기	설득하기	공유	위임

팀에서는 지원하는 유형이 좋은 리더라고 여겨진다.

■ **팀 체제에서의 최적의 리더십 유형**

팀 체제에서는 참여적 리더십이 보다 높은 수준에서 적용될 수 있다. 전통적인 리더십은 팀 구성원의 요구 수용에만 기초를 두고 있는 반면, 참여적 리더십은 이와는 기본적인 차이가 있다. 팀 구성원이 자신의 아이디어나 생각, 그리고 요구를 동일하게 하지만, 그 과정에서 과제를 솔선수범하고, 동기를 부여받고, 또 일하는 과정에서 빈약한 제안을 책임 있게 개선하는 태도를 보인다.

2) 지지자를 세우고 관리하기

사람들은 자발적이고 안정적으로 지도를 따르는 사람들이 있을 때 지도자가 될 수 있다. 추종 세력은 세워지고 유지되어야 한다. 여기에서는 이러한 내용을 다루고자 한다.

① 인기와 리더

많은 사람들은 리더십과 인기, 지지 세력과 리더십을 혼동한다. 리더십과 인기는 같은 것이 아니지만, 장기간의 추종 세력만이 인기가 아닌 존경을 할 수 있다. 좋은 지도자는 인기가 있을 수도 있지만, 그보다도 존경받아야 한다. 모든 좋은 지도자가 인기 있는 것은 아니지만, 모든 좋은 지도자는 존경받는다.

팀 리더는 때로는 인기 없는 결정을 할 수도 있다. 인생에서 리더는 때때로 고독하게 묘사될 수 있다. 인기 없는 결정으로 지지 세력을 잃을 수도 있다. 대조적으로 당장의 인기 있는 결정으로 단기간의 효과는 거둘 수 있지만 장기적인 지지 세력을 잃을 수도 있다.

② 추종 세력을 만들고 유지하기 위한 리더십 특성

팀 리더는 존경을 받고 추종 세력을 만들고 유지해야 한다. 다음은 이를 위한 몇 가지 특성을 제시한 것이다.

- **목표 의식**—성공적인 지도자는 강한 목표 의식이 있어야 한다. 그들이 누구인지, 전체 조직에서 누구인지, 어디가 적당한지, 그리고 조직의 성공을 위하여 그들의 영역이 어떻게 기여할 수 있는지를 알고 있어야 한다.
- **자기 도야**—성공적인 지도자는 자기 도야를 해야 한다. 자기 도야는 부정적인 자기 방종, 부적절한 정서 표현(화냄 등), 비생산적인 반응을 피해야 한다. 자기 도야를 통하여 리더는 균형감과 긍정적 태도로 문제와 압력을 다루는 모범을 확립해야 한다.
- **정직**—성공적인 지도자는 그들의 추종자들에게 신뢰를 받아야 한다. 그들은 팀 구성원들에게 개방적이고, 정직하고, 솔직해야 한

다. 그들은 즐겁지 않은 상황에서 어려운 결정을 하는 데 있어서도 항상 믿음을 주어야 한다.

- 신뢰성—성공적인 지도자는 모든 인간관계에서 납득할 만하고, 일관성 있고, 공정해야 한다.
- 상식—성공적인 지도자는 주어진 상황에서 무엇이 중요한지 아닌지를 알아야 한다. 사람들을 다룰 때 재치가 중요함을 알아야 한다. 또한 융통성을 보여야 할 때와 확고해야 할 때를 알아야 한다.
- 체력—성공적인 지도자는 체력이 있어야 한다. 지도자는 맨 먼저 도착하고 맨 나중에 자리를 떠야 한다. 지도자가 보내는 시간은 다른 사람들보다 길고 압박감이 크다. 에너지, 인내, 좋은 건강은 좋은 리더십을 발휘하는 데 중요하다.
- 책임—성공적인 지도자는 팀 목표에 대하여 책임을 지고, 팀 구성원과 함께 과제를 수행하며, 지속적인 인성과 전문성을 개발해야 한다. 그들은 팀의 지속을 위하여 법의 범위, 전문가 윤리, 회사 정책 안에서 모든 것을 기꺼이 할 수 있어야 한다.
- 확고한 신념—성공적인 지도자는 확고한 신념과 결연한 의지를 가지야 한다. 사람들은 일반적으로 책임과 신념이 없는 사람을 추종하지 않는다. 성공적인 지도자는 어려움이 닥치더라도 확고한 신념을 유지해야 한다.

③ 지도력을 해치는 함정

추종세력을 차단하거나 해치는 몇 가지 함정이 있다. 따라서 지도자는 이러한 함정들을 잘 인지하고 대처해야 한다.

- 친구가 되기를 시도하는 것—긍정적인 관계와 좋은 친밀감은 중요하지만, 리더는 친구가 되어서는 안 된다.
- 팀 구성원을 협박하는 관계를 갖는 것—이는 지혜롭지 못하고 비윤리적이다. 이러한 상황에서 긍정적인 지도자는 나올 수 없다.
- 이전에 동료가 팀을 이끌 때와 같은 태도로 일하는 것—지도자와 팀 구성원의 관계는 동료와 동료 간의 관계와 다르다. 만약 팀 동료가 팀 리더로 바뀌는 경우 이전의 동료 관계로 관계를 지속시켜서는 안 된다.

5. 팀 리더십의 윤리

팀 윤리에 대한 많은 정의가 있지만 누구나 보편적으로 수용하는 것은 없다. 작업자, 고객, 경쟁업체, 일반 대중과 관련된 갈등과 논쟁은 작업 현장에서의 윤리적 곤경에서 초래될 경향이 있다. 작업 현장에서의 윤리적 문제는 다른 상황보다 복잡하다. 그들은 사회적 기대, 경쟁, 책임뿐만 아니라 조직의 많은 고객에 대한 고용자 행동의 잠재적 결과를 포함하고 있다.

윤리적 문제의 토론에서 '양심', '도덕성', '법' 같은 용어들이 자주 거론된다. 이러한 용어들이 윤리와 밀접한 관련이 있을지라도, 쉽게 한정하여 정의될 수 없다. 다음과 같이 윤리가 정의될 수도 있다.

윤리는 도덕성을 발휘하는 것이다. 윤리적 행위는 도덕적 틀 안에서 "올바른 일"을 하는 것을 의미한다.

1) 윤리적 행동을 결정하기 위한 지침

명백히 옳고 명백히 그른 것 사이에 있는 회색지대에 빠질 수 있는 문제들을 정리하고 사용할 수 있는 지침을 팀 리더에게 제시하기 전에, '법'과 '윤리'를 구분하는 일이 필요하다. 이 두 용어는 항상 동의어가 아니다. 사람들은 "나는 법적으로 아무런 문제가 없다"고 항변하지만 비윤리적 문제를 범하는 경우가 있다. 다음은 행위가 법적으로는 문제가 없는 윤리적 행위를 결정하는 데 도움이 되는 지침이다(Goetsch, 2004).

- 다음날 아침 후 시험—시간이 지나서 다음날 아침 당신의 느낌은?
- 헤드라인 시험—신문에 당신의 이야기가 헤드라인에 소개된다면, 당신의 결정이 대한 느낌은?
- 거울 시험—거울 속에 있는 당신 스스로에게 물어보면 당신에 대한 느낌은?
- 입장 바꾸기 시험—다른 사람의 입장에서 생각해보면 그 결정의 느낌은?
- 상식 시험—자신에게 그 문제를 말하고 귀 기울여보라. 만약 당신이 상식적으로 잘못된 느낌이 드는가?

2) 팀 리더의 윤리적 역할

앞에서 다룬 지침들을 이용하여 팀 리더는 윤리적 선택에 대한 결정의 책임을 져야 한다. 불행하게도 윤리적으로 행동하는 것보다 윤리적인 결정을 하는 것이 쉽다. 윤리적으로 실천하는 것은 마치 다이어트를 실천하는 것과 같다. 다이어트를 위해서 칼로리 섭취를 줄여야 한다는 사실을 아는 것은 다이어트를 실천하는 것보다 훨씬 쉽다.

팀 리더는 세 가지 역할을 해야 한다. 첫 번째는 윤리적 행동의 모범을 확립하는 것이다. 두 번째는 팀 구성원이 윤리적 문제에 직면했을 때, 올바른 결정을 하도록 도와주어야 하는 책임을 가진다. 세 번째는 언젠가 확인된 적절한 선택에 따라 윤리적 선택을 하도록 도와줄 책임을 가진다. 이러한 책임을 수행하는 데 있어서 팀 리더는 다음 접근법 중에 하나를 채택할 수 있다.

① 최적 비율 접근

최적 비율 접근은 진보적인 선택이다. 이 접근의 철학은 사람들은 올바른 상황에서는 기본적으로 선하고 윤리적으로 행동한다는 것이다. 그러나 어떤 상황에서는 비윤리적인 행동으로 바뀔 수 있다는 것이다. 그러므로 팀 리더는 좋은 선택과 나쁜 선택의 최적의 비율을 윤리적인 행동이 가능하도록 만드는 것이다. 아주 어려운 결정이 되었을 때, 팀 리더는 모든 사람들을 위한 가장 좋을 수 있는 선택을 해야 한다는 것이다. 이것은 때때로 상황적 윤리로 간주된다.

② 흑백 접근

흑백 접근법에서는 옳은 것은 옳고 나쁜 것은 나쁘다. 상황과 조건은 관계가 없다. 팀 리더의 일은 윤리적 판단을 하고, 그것을 실행하고, 상황에 관계없이 팀 구성원이 그것을 따르도록 도와주어야 한다는 것이다. 어려운 결정일수록 공정하고 치우치지 않는 결정을 해야 한다.

③ 최고 잠재력 접근

최고 잠재력 접근은 팀 리더가 팀 구성원이 최고의 잠재력을 보일 수 있는 능력에 어떻게 영향을 줄 것인지에 기초하여 선택을 하는 것이다. 이 접근법의 철학은 사람들은 도덕성에 국한하여 그들의 최고 잠재력을 실현하는 데 책임을 진다는 것이다. 다른 사람의 권리를 침해하지 않고 목표를 성취하는 것을 선택하는 것이 윤리적으로 고려된다.

TEAMWORK TIP

좋은 리더와 나쁜 리더

좋은 리더의 특징	나쁜 리더의 특징
조정자	감독자
인내와 조언자	가르치는 자
팀의 보호자	제한된 2차 자료 제공
팀을 위한 자료 확보자	쫀쫀한 관리자
팀 구성원의 코칭, 격려자	
문제해결자	
훌륭한 일에 대한 인식과 보상자	

Phill Baguley

2 의사소통 기술 개발하기

주요개념

■ 의사소통, 효과적 의사소통, 완전한 의사소통, 청취, 피드백, 의사소통 장애요인, 비언어적 의사소통, 구두 의사소통, 의사소통 개선전략

팀 리더와 팀 구성원에게 요구되는 기술 중에서 의사소통은 가장 중요한 기술 중 하나이다. 의사소통은 리더십, 동기부여, 문제해결, 수행평가, 윤리, 교육, 훈련, 멘토링 등 팀 리더와 팀 구성원의 관련 있는 모든 영역에서 기본이 되는 기술이다. 이 장에서는 팀 리더와 팀 구성원들에게 필요한 의사소통의 방법적 기술을 살펴본다(Goetsch, 2004).

1. 의사소통 기술의 개발

의사소통은 모든 인간 과정에서 가장 불완전한 기술일는지도 모른다. 의사소통은 의사소통의 질이 서로 다른 요인(예: 말하기 능력, 듣기 능력, 언어 장벽, 나이, 성별, 인종, 국적, 문화에 따른 서로 다른

인식과 의미, 태도, 비언어적 단서, 수신자와 송신자의 신뢰 수준)에 의하여 영향을 받기 때문이다. 이러한 이유 때문에 효과적으로 의사소통하기란 매우 어렵다. 그러나 의사소통은 팀의 수행을 위하여 지속적인 개선이 기본적으로 요구된다. 의사소통은 인간의 상호작용에 윤활작용을 하는 기름과 같다.

참으로 다행스럽게도, 공학기술 회사와 기술적 전문가들은 의사소통의 기술을 학습할 수 있다. 충분한 훈련과 연습을 한다면 타고난 능력과 관계없이 대부분의 사람들은 충분한 의사소통 기술을 학습할 수 있다.

1) 의사소통이란 무엇인가

경험 없는 팀 리더는 흔히 '말하기(telling)'와 '의사소통하기(communicating)'를 혼동한다. 문제가 확대될 때, 그들은 "그러나 나는 그에게 무엇을 해야 하는지를 말했다"라고 항변하기도 한다. 경험 없는 팀 리더는 흔히 '듣기(hearing)'와 '청취하기(listening)'을 혼동하기도 한다.

두 경우에 리더는 의사소통을 말하기와 듣기로 혼동하는 것이다. 의사소통에서 핵심은 '이해'이다. 의사소통에는 말하기가 포함될지 모르지만 이는 단순한 말하기 이상의 것이다. 듣기 또한 단순히 듣기 이상의 의미를 지니며, 일반적으로 의사소통은 다음과 같이 정의된다.

> 의사소통은 수신된 정보의 전달이며, 하나의 정보원으로부터 다른 곳으

로 완전히 이해되는 것이다.

메시지는 한 사람에 의하여 다른 사람에게로 전달될 수 있다. 그러나 메시지가 완전히 이해될 때까지는 의사소통이 아니다. 이는 연설, 논술, 비구어적 메시지에도 적용되는 원리이다.

① 의사소통 대 효과적인 의사소통

정보가 전달되어 수신되고 이해될 때, 비로소 의사소통이 이루어진다. 그러나 이해한다는 것이 반드시 효과적인 의사소통인 것은 아니다. 효과적인 의사소통은 수신되고 이해된 정보가 바람직한 방식으로 실행될 때 발생한다.

예를 들어 팀 리더가 그들의 팀 구성원에게 다음 모임 때 15분 일찍 도착하도록 요구했다고 하자. 팀 구성원 모두 메시지와 그 뒤에 담긴 의미를 이해했다고 확신했다. 그러나 팀 구성원 가운데 두 사람은 팀 리더에 알리지도 않고 이 요구에 따르지 않았다. 이는 비효과적인 의사소통의 예이다. 지시를 따르지 않는 2명의 팀 구성원은 메시지를 이해했지만 무시하기로 결정했다. 이 사례에서 팀 리더는 메시지의 수락을 확보하는 데 실패한 셈이다. 결과적으로 의사소통이 비효과적으로 나타났다.

효과적인 의사소통은 단순한 의사소통 이상이다. 의사소통이 이해와 수용을 함의하고 있기 때문에, 의사소통에는 설득, 동기부여, 관리, 리더십이 요구된다.

② 의사소통 수준

의사소통은 조직에서 그림에서 제시된 바와 같이 여러 수준으로 나타난다.

처음 두 수준에서는 비록 팀 리더가 일차적으로 적극적으로 개입하고 있을지라도 다른 구성원이 적어도 간접적으로 관여하는 일이 발생한다. 결과적으로 팀 리더는 의사소통의 네 수준 모두에 숙달되어야 한다.

1:1 수준 의사소통은 이름 그대로 한 사람이 다른 사람과 의사소통하는 것이다. 즉 면대면 대화로서 전화, 이메일과 같은 접촉적인 표현으로 이루어진다.

팀 또는 부서 수준 의사소통은 동료 집단 안에서 이루어지는 의사소통이다. 1:1 의사소통과 팀 의사소통 사이의 차이는 후자의 경우가 모든 팀 구성원이 문제를 해결하거나 목표를 달성하기 위해서 즉각적으로 의사소통에 참여한다는 것이다.

회사 수준 의사소통은 집단 간의 의사소통이다. 즉 판매부서, 설계부서, 생산부서가 포함된 회의가 회사수준 의사소통에서 일어나는 사례이다.

지역사회 수준 의사소통은 회사 내부의 팀과 집, 그리고 회사 외부 간에 이루어지는 것으로, 가장 일반적인 예는 회사대표와 신문, 라디오, TV, 리포트 간에 이루어지는 의사소통이다.

2) 과정으로서의 의사소통

의사소통은 송신자, 수신자, 매체, 메시지 등의 여러 가지 구성요소가 포함된 과정이다. 송신자는 메시지의 창시자이고 정보원이며, 수신자는 의도된 메시지를 받는 사람이나 집단이다. 그리고 메시지는 전달하여 이해되고 수락되는 정보이며, 매체는 메시지를 전달하는 장치이다.

매체의 세 가지 기본 범주는 구두, 비언어, 문자이다. 구두 의사소통은 면대면 대화, 전화대화, 연설, 대중연설, 기자회견 등의 말로서 전달된다. 비언어적 의사소통은 몸짓, 얼굴 표현, 목소리 톤, 자세 등을 포함한다. 그리고 문자 의사소통은 편지, 이메일, 메모, 게시판, 매뉴얼, 책 등의 문자로 작성된 형태의 모든 것을 포함한다(Goetsch, 2004).

기술의 발달은 정보를 전달하는 능력에 주목할 만하게 영향을 미친다. 이러한 발달의 예는 컴퓨터 문서 작성, 위성 통신, 컴퓨터 네트워크, 무선전화, 자동응답기, 팩시밀리, 이메일, 인터넷 등에서 찾을 수 있다.

의사소통에는 크게 일방향 의사소통과 양방향 의사소통으로 구분할 수 있으며, 완전한 의사소통은 양방향일 때 일어나며, 수신자와 발신자의 역할이 공존하며 수신자와 발신자가 모두 정보, 아이디어, 감정을 전달할 수 있다(Baguley, 2003). 완전한 의사소통의 장점은 정보교환뿐만 아니라 아이디어와 감정, 희망, 요구 등이 서로 소통할 수 있다는 것이다.

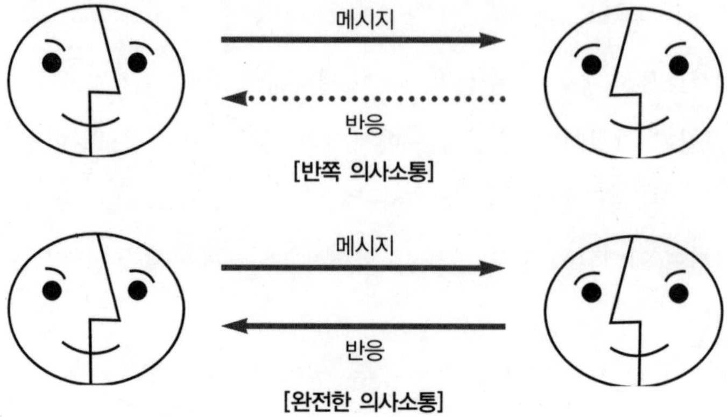

[그림 2-1] 반쪽 의사소통과 완전한 의사소통

3) 의사소통의 일반적 장애

여러 가지 통신기술을 강화하는 장치가 개발되었지만 여전히 효과적인 의사소통의 장애가 존재한다. 팀 리더는 이러한 장애를 인지하고 그것들을 극복하거나 피해야 한다.

- 의미의 차이—의미의 차이는 서로 다른 교육의 수준과 배경, 문화, 종교, 인종, 국적 등을 가지고 있기 때문에 의사소통에서 피할 수 없다. 그 결과로 말, 몸짓, 얼굴 표정 등은 서로 다른 사람에게 서로 다른 의미를 줄 수 있다. 이러한 장애를 극복하기 위해서는 팀 리더는 팀 구성원을 이해하는 데 시간을 투자해야 한다.
- 불충분한 신뢰—불충분한 신뢰는 효과적인 의사소통의 장애가 된다. 만약 수신자가 송신자를 신뢰하지 못하면 그들은 과도하게

민감하거나 방어적으로 반응할지도 모른다. 따라서 팀 리더가 팀 구성원과의 신뢰를 다지는 일은 중요하며, 이를 위해 시간과 노력을 투자해야 한다.

- **정보 과잉**—정보통신 기술의 발달과 빠르고 계속적인 정보 재생산 때문에 우리는 흔히 효과적으로 정보를 처리하기보다는 너무 많은 정보를 접한다. 이를 '정보 과잉'이라고 부르며 실제로 통신 장애의 원인이 된다. 팀 리더는 팀 구성원에게 전달할 정보를 발췌, 조직화, 요약화, 단순화하여 정보 과잉을 막아야 한다.
- **환경 장애**—환경 장애는 효과적인 의사소통을 막는 외적인 장애물이다. 이는 환경 소음이나 위성 장애 등으로 발생될 수 있다. 장애의 종류와 관계없이 환경 장애는 메시지를 왜곡시키거나 완전히 막는다. 팀 리더는 팀 구성원과 의사소통 계획을 세울 때, 환경적 요인에 세심한 주의를 기울여야 한다.
- **낮은 목소리**—너무 낮은 목소리도 의사소통의 문제를 발생시킨다. 사람들은 너무 낮은 목소리를 좋아하지 않는다. 팀 리더는 결코 그렇게 해서는 안 된다.
- **청취의 문제**—효과적인 의사소통에서 가장 심각한 장애 요인은 청취 문제이다. 이는 수신자가 송신자의 메시지를 잘못 청취하는 문제이다.
- **섣부른 판단**—송신자 또는 수신자의 섣부른 판단은 효과적인 의사소통의 방해가 된다. 이것의 청취의 문제이며, 너무 빠른 판단을 하고 청취를 중단하는 데서 온다. 따라서 팀 리더는 팀 구성원과의 의사소통할 때 미리 판단하지 말고 주의 깊게 경청해야 한다.

- 부정확한 가정—우리의 인식은 우리의 가정에 영향을 받기 때문에 부정확한 가정은 부정확한 인식으로 이어진다.
- 기술적 결함—기술적 결함은 소프트웨어 버그, 컴퓨터 바이러스, 배터리 소진, 전원 차단, 소프트웨어 버전 충돌 등의 여러 가지 기술적인 결함은 의사소통의 장애를 일으킨다. 기술적 장치에 주로 의존하는 의사소통은 이런 문제에 많이 노출된다.

2. 의사소통의 방법

1) 의사소통 도구로서의 청취

팀 리더의 가장 중요한 의사소통 기술은 청취 능력이다. 이것 또한 빈약한 기술 중 하나이다. 당신은 어떠한가? 다음 질문을 보면서 좋은 청취자인지 판단해보라(Goetsch, 2004).

1. 팀 구성원 중에서 당신은 주로 말하는 편인가 아니면 듣는 편인가?
2. 어떤 사람과 대화할 때, 말이 끝나기 전에 가로채서 말한 적이 있는가?
3. 어떤 사람과 대화할 때, 당신의 반응에 앞서 생각한 사실을 발견한 적이 있는가?
4. 어떤 사람과 대화할 때, 상대방의 말을 반복하여 다시 말할 수

있는가?

5. 대화 중에 다른 사람이 그의 의견을 말하기 전에 당신의 의견을 진술한 적이 있는가?
6. 어떤 사람과 대화할 때, 완전한 주의를 기울이고 계속 반응을 보이는가 아니면 다른 과제를 동시에 수행하는가?
7. 당신이 이해할 수 없을 때, 명확한 이해를 구하는가?
8. 회의에서 몽상에 잠기거나 주제로부터 벗어나는 반응을 보이는가?
9. 어떤 사람과 대화할 때, 당신의 시계를 보는 등의 행동을 하는가?
10. 너무 늦게 대화를 하는 사람의 진술을 빨리 마무리한 적이 있는가?

잘 청취하는 사람은 위의 질문에 대하여 다음과 같이 반응한다.

1. 듣는다	2. 아니오	3. 아니오
4. 예	5. 아니오	6. 완전히 주의를 기울인다.
7. 예	8. 아니오	9. 아니오
10. 아니오		

만약 당신이 좋은 청취자라는 것을 판명하기 위한 가장 좋은 방법은 당신의 친구, 배우자, 동료, 팀 리더, 또는 팀 구성원으로부터 객관적인 대답을 얻는 것이다. 만약 당신이 바람직하지 못한 청취자라면 청취 기술을 개발시켜야 한다. 좋은 청취자가 되기 위해서는 (1) 청취의 의미 (2) 청취를 막는 장애 (3) 효과적인 청취를 증진하기 위한 전

략 등에 대하여 알아둘 필요가 있다. '말하는 것'의 반대는 '듣는 것'이 아니라 '기다리는 것'이다.

① 청취란 무엇인가?

그냥 듣는 것(hearing)은 자연적인 과정이지만 청취(listening)는 그렇지 않다. 어떤 사람이 아주 민감하게 들을지라도 좋은 청취자는 될 수 없다. 역설적으로 듣는 장애가 있는 사람이 훌륭한 청취자가 될 수 있다. 듣는 행위는 음파를 해독하는 신체적인 과정이지만, 청취 행위는 인식을 요구한다.

> 청취는 메시지를 받고, 올바르게 그것을 해독하고, 정확하게 그 의미를 인식하는 것이다.

② 효과적인 청취의 방해물

청취는 수신자가 정확하게 메시지를 인식하지 못할 때 장애를 일으킨다. 청취 장애의 원인은 다음과 같다.

- 집중력 부족
- 선입관
- 앞서 생각하기
- 가로막음
- 딴 생각하기

TEAMWORK TIP	당신은 좋은 청취자인가?
	_____ 모든 산만한 행동과 반응을 줄인다.
	_____ 편안하게 화자를 주시한다.
	_____ 똑바로 화자를 바라본다.
	_____ 무슨 말을 하는지 집중한다.
	_____ 비언어적 단서를 주의 깊게 살핀다.
	_____ 화자의 목소리 크기를 주목한다.
	_____ 인내하고 기다린다.
	_____ 명확한 이해를 위한 질문을 한다.
	_____ 화자가 말한 내용을 반복한다.
	_____ 정서를 통제한다.
	David L. Goetsch

2) 비언어적 의사소통

비언어적 메시지는 통신의 유형에서 이해도는 떨어지지만 가장 강력한 통신 수단이다. 비언어적 의서소통은 보디랭귀지로 잘 알려져 있다. 그러나 몸짓 언어는 비언어적 의사소통의 한 가지 예이다. 보다 정확하게 비언어적 의사소통은 몸짓 요인, 목소리 요인, 근사 요인 등으로 분류될 수 있다(Goetsch, 2004).

① 몸짓 요인

사람들의 자세, 얼굴 표정, 몸짓, 의상 등의 몸짓 요인이 메시지를 전달해줄 수 있다. 심지어는 헝클어지거나 단정한 머리, 과도하거나 빈약한 화장, 더럽거나 광이 나는 신발 등도 메시지를 전달한다. 팀 리더는 이러한 몸짓 요인에 주의를 기울이고, 비언어적 메시지를 어떻게 더하거나 제거하는 방법을 알아야 한다.

비언어적 단서를 이해하는 핵심적인 방법은 조화의 개념에 있다. 음성 메시지와 비언어적 메시지는 서로 일치되어 나타난다. 구두적 메시지와 비언어적 메시지가 조화가 되지 않을 때, 팀 리더는 노력을 더해야 한다. 부조화를 다루는 효과적인 방법은 보다 신사적으로 솔직하게 그것을 직면하는 것이다.

② 목소리 요인

목소리 요인 또한 비언어적 의사소통으로 분류된다. 팀 구성원의 말을 청취할 때, 팀 리더는 목소리 음량, 세기, 높낮이, 속도 등과 같은 목소리 요인을 들어야 한다. 이러한 요인은 화, 두려움, 초조, 불신, 관심, 수용, 확신 등의 감정을 나타낸다. 몸짓 요인과 더불어 조화를 관찰하는 것이 중요하다.

③ 근사 요인

근사 요인은 의사소통이 이루어지는 공간의 사무실 배치, 벽의 색깔, 부착물의 유형과 장식의 위치와 관련된 요인이다. 즉 팀 리더가 팀 구성원의 옆에 있는 것보다 맞은편에 앉아서 의사소통을 하는 경우가 메시지 전달이 용이하다. 효과적인 의사소통을 위해서 팀 리더에게 보내는 근사 요인 측면의 제안은 다음과 같다.

- 방문자를 위한 편안한 의자를 준비한다.
- 당신의 책상 뒤보다는 의자 옆에 방문자의 의자를 준비한다.

• 자극적인 색상보다는 부드럽고 편안한 색상을 선택한다.
• 가능하다면 방문자를 위한 커피, 음료, 다과 등의 간단한 음식을 준비한다.

3) 구두 의사소통

팀 리더에게 구두 의사소통은 청취만큼이나 중요하다. 팀 리더는 다음 요인을 고려하여 구두 의사소통 기술을 개선시킬 필요가 있다(Goetsch, 2004).

• **관심**—팀 리더는 팀 구성원에게 전달하고자 하는 메시지에 깊은 관심을 나타낸다. 메시지의 수신자에게도 관심을 나타내야 한다. 필요하다면 모든 수신자에게 눈을 마주치고, 소리가 조금 지겹거나 주저하거나 무관심한 경우를 팀 구성원은 쉽게 알아차리고 그대로 답습할 것이다.
• **태도**—긍정적이고 친절한 태도는 구두 의사소통을 강화시킨다. 기다리고 친근하게 미소를 짓는 것이 중요하다.
• **융통성**—유연하게 대처한다.
• **재치**—특별히 민감하고 논쟁적인 메시지를 전달할 때 재치는 구두 의사소통에서 매우 중요한 구성요소이다. 재치는 판을 깨뜨리지 않고 망치로 못을 박는 경우와 같은 능력으로 비유된다. 재치 있는 구두 의사소통의 핵심은 말하기 전에 생각하는 것이다.
• **예의**—예의를 갖춘 말은 수신자에게 적절한 관심을 보여주는 수

단이다.

4) 개선을 위한 피드백 의사소통하기

팀에서 팀 구성원과 함께 일할 때, 팀 리더는 수정을 요하는 피드백을 주는 일을 피할 수 없다. 이러한 정보는 과제 수행을 향상시키는 중요한 수단이다. 그러나 효과적으로 수정을 요하는 피드백은 적절하게 의사소통되어야 한다. 다음의 지침은 수정을 위한 피드백 지침이다.

- **긍정적인 피드백을 한다.**—수정을 위한 피드백은 팀 구성원들에게 수용되고 실천되어야 한다. 이는 긍정적인 태도로 전달되어야 한다. 긍정적으로 말할 수 있는 방법들을 찾아야 한다.
- **준비된 피드백을 한다.**—그 내용에 집중하되 개인의 인성적 측면을 배제해야 한다. 팀 리더가 수정하기를 원하는 행동의 구체적 사례를 제시한다.
- **실천 가능한 피드백을 한다.**—팀 구성원의 통제 범위 안에 있는 개선 사항을 피드백한다. 팀 구성원이 통제할 수 없는 것들까지 기대해서는 안 된다.

5) 팀에서의 의소소통 개선하기

효과적인 의사소통은 팀 리더에게 반드시 필요하다. 다음의 전략은 의사소통 기술을 개선하는 데 사용될 수 있다(Goetsch, 2004).

- **필요한 정보만 말한다**—팀에 영향을 주는 정보만을 의사소통의 대상으로 삼는다. 팀 리더가 모르는 내용은 말할 수 없다.
- **우선순위와 시간의 제한을 결정한다**—의사소통은 팀 리더가 알고 있는 모든 것을 팀 구성원에게 전달하는 수단이 아니다. 이러한 접근은 정보 과잉을 초래할 수 있고 의사소통의 장애가 된다. 팀 구성원이 알아야 할 꼭 필요한 정보를 수집하고 결정하여 전달한다. 정해진 시간 안에서 가능한 한 중요한 것 순서대로 우선순위를 정해야 한다.
- **전달할 대상을 결정한다**—정보의 우선순위가 정해졌다면, 누구에게 전달할 것인지를 결정한다.
- **전달 방법을 결정한다**—정보를 전달할 방법(구두, 전자메일, 면대면, 팀 회의 등)은 여러 가지가 있다. 이 가운데에서 여러 방법들을 조화시키는 선택이 흔히 가장 효과적이다. 이러한 균형을 유지할 때 의사소통의 질이 높아진다.
- **정보를 대화한다**—정보를 전달할 때 일방적 방법보다는 대화와 질문 등으로 이해와 수락의 의사소통 수준을 높인다. 다음 단계로 넘어가기 전에 동의를 구하는 것도 잊지 말아야 한다
- **정보의 정확성을 점검하고 피드백한다**—당신의 정보가 실제로 전달되었는지 확인한다. 즉 팀 구성원이 팀 리더의 전달사항을 반복하여 재생할 수 있는지를 알아보아야 한다.

■ 적절한 의사소통 방법을 선택하기

효과적으로 의사소통하기 위하여 의사소통의 방법을 적절하게 선

택하여야 한다. 다음은 상황에 따라 구두 의사소통, 문자 의사소통이 필요한지 아닌지를 설명해준다.

다음 예는 문자 의사소통이 비효과적인 경우이다.

- 팀 구성원의 영역에서 즉각적인 실천이 요구되는 메시지를 의사소통하는 경우
- 과제를 잘 수행하는 팀 구성원을 칭찬할 경우
- 과제 수행이 잘 되지 못할 때 팀 구성원을 질책하는 경우
- 과제 수행을 하는 과정에서 발생한 팀 구성원 간의 갈등을 푸는 경우

다음 예는 구두 의사소통이 비효과적인 경우이다.

- 팀 구성원의 영역에서 미래의 실천이 요구되는 경우
- 회사정책, 개인 정보, 방향, 주문 등의 일반적인 정보를 전달하는 경우
- 감독자나 고위관리자에게 즉각적인 작업 진척도를 알리는 경우
- 안전 캠페인을 촉진하는 경우

따라서 팀 리더는 상황에 맞는 의사소통의 방법을 선택함으로써 그들의 정보 전달의 효과를 강화할 수 있다.

TEAM WORK TIP

나의 청취 능력 자가진단

다음 1~7에서 양쪽 진술문에 가까운 쪽에 동그라미를 하고 총점을 계산하시오.

우리는 눈을 마주친다.	1 2 3 4 5 6 7	우리는 눈을 피한다.
나는 팔짱을 끼지 않는다.	1 2 3 4 5 6 7	나는 팔짱을 낀다.
나는 얼굴을 주시하고 앞을 바라본다.	1 2 3 4 5 6 7	나는 고개를 종종 고개를 돌린다.
나는 산만한 행동을 하지 않는다.	1 2 3 4 5 6 7	나는 산만한 행동을 한다.
나는 침묵으로 경청한다.	1 2 3 4 5 6 7	나는 침묵하기 어렵고 말을 자주 끊는다.
나는 말하는 중에 방해하지 않는다.	1 2 3 4 5 6 7	나는 일관되게 방해한다.
나는 질문할 때 명료하게 한다.	1 2 3 4 5 6 7	나는 관련 없는 질문을 한다.
나는 개방적 질문을 한다. (대화 유도 질문)	1 2 3 4 5 6 7	나는 폐쇄적 질문을 한다. (예, 아니오 대답 요구)
나는 편안한 태도를 하지만, 집중한다.	1 2 3 4 5 6 7	나는 긴장을 하고 집중하지 않는다.

당신의 총점:

총점이 27 이하면 경청에 문제가 많으며, 36 이상이면 약간의 문제가 있는 것이다. 점수가 4 이상인 항목이 당신이 개선해야 할 부분이다.

David L. Goetsch

3 갈등관리 기술 개발하기

주요개념

■ 팀 갈등, 팀 갈등 원인, 갈등 과정, 갈등관리, 갈등해결, 팀 갈등 요인, 팀 갈등 해결방법, 팀의 부정성(negativity)

갈등은 고도의 경쟁적이고 스트레스가 많은 작업 환경에서 자연적으로 나타나는 현상이다. 사람들이 함께 일할 때는 갈등이 일어나기 마련이며, 팀 구성원은 갈등관리에 능숙하여야 한다. 이 장에서는 팀 구성원이 팀 내에서의 갈등을 푸는 데 촉매가 될 수 있는 방법을 설명하고자 한다(Goetsch, 2004).

1. 팀 갈등의 원인

팀 갈등의 대부분의 원인은 예측할 수 있다. 그 예측 원인은 [표 3-1]에서 제시한 것과 같다. 갈등은 다른 사람들에 의하여 사람들의 요구가 좌절되거나 필요가 위협받을 때 일어난다.

팀 갈등의 일반적 원인 체크리스트
_V_ 제한된 자원
_V_ 양립할 수 없는 목표
_V_ 애매모호한 역할
_V_ 서로 다른 가치
_V_ 서로 다른 인식
_V_ 의사소통의 문제

[표 3-1] 팀 갈등의 잠재적 원인

'제한된 자원'은 작업을 완수하는 데 필요한 자원(자금, 재료, 사람, 시간, 장비 등)이 너무 적을 때 발생되고, 누구 많은 자원을 차지할 것인가와 관련된다. '양립할 수 없는 목표'는 팀 구성원의 요구와 팀의 요구가 다르기 때문에 오는 것으로 팀에서 피할 수 없는 갈등이다. '애매모호한 역할'은 담당 구획선의 문제로 누구의 책임인지 누구의 권한인지 모호할 때 발생된다. '서로 다른 가치'는 작업 보안, 위험 인지와 같은 가치의 차이가 잠재 요인이 된다. '서로 다른 인식'은 팀 구성원의 서로 다른 배경, 가치, 신념, 개인적 상황 등의 특별히 다양한 작업 환경이 늘어나는 곳에서 발생된다. 끝으로 '서투른 의사소통'의 문제가 있다. 완벽한 의사소통은 없기 때문에, 의사소통과 관련된 갈등은 충분히 예측되는 갈등이다. 모든 팀 구성원의 의사소통 기술의 개선은 팀 리더의 지속적인 목표가 되어야 한다.

포크라스(Pokras, 2002)는 갈등은 차이점과 부조화의 연장선상에서 그 결과로 나타나는 것으로 보고 다음과 같은 갈등에 이르는 순서도를 제시하였다.

차이점 팀 구성원은 인간으로서 자연적인 다양성을 갖고 있고 그들은 각기 독특하다.	• 환경, 교육, 성장 • 가치, 신념, 철학 • 성격 유형과 선호도 • 작업 우선순위와 부서 목표 • 개인적 야망

↓

부조화 사람들은 마찰과 부조화를 느끼고, 팀은 좌절하고 시간을 낭비하고 목표를 벗어난다.	• 실천 과제가 완성되지 않는다. • 팀 운영 규칙에 따르지 않는다. • 지배, 파열, 협동의 부족 • 작업 부담을 공유하기를 꺼려함 • 비판, 부정적 피드백

↓

갈등 의사소통이 완전히 단절되고 정서적으로 통제 밖의 상태	• 종국에 폭발을 일으키는 긴장감 • 직접적 불평과 혼란 • 조정이 어려운 팀 미팅 • 팀 구성원이 일을 중단하고 나타나지 않음 • 관계의 영구적인 손상

[그림 3-1] 갈등에 이르는 순서

2. 갈등에 대한 반응

갈등을 효과적으로 다루기 위해서는 팀 리더는 갈등에 반응하는 사람들의 다양한 방법을 이해할 필요가 있다. 가장 전형적인 반응은 다른 사람을 이기기 위한 '경쟁'이다. 그리고 이것과 상반되는 반응으로 다른 사람을 배려하는 '수용'이 있다. 그리고 '타협'은 서로 가장 훌륭한 결과를 이끌어내는 문제해결 방법이며, '협력'은 양자가 수용 가능한 해결을 위하여 함께 도우며 문제해결을 시도하는 것이다. 그리고 '회피'는 갈등으로부터 떠나는 것이다. 이것들은 상황에 따라 효용이 다를 수 있다.

- 경쟁은 도움이 되거나 중요하지만 인기가 없는 실행이 급히 필요할 때 적절하다.
- 협력은 개인 간의 관계에서 서로의 일에 관여하며 일하는 것이 중요할 때 적절하다.
- 회피는 다른 사람의 관심을 만족시킬 기회가 없다고 판단될 때나 긍정적인 인식을 위해서 냉각시키는 시간이 필요할 때 적절하다.
- 수용은 즉각적으로 쟁점화하기보다는 조화와 안정이 요구될 때와 당신이 앞서 있다고 생각될 때 적절하다.

3. 갈등관리의 중요성

'갈등관리'는 갈등해결, 갈등 시뮬레이션을 포함하는 광범위한 개념이다. 팀 구성원은 갈등에 대한 반응의 종류에 관계없이, 갈등에서 스트레스를 받는다. 사실 갈등은 작업 스트레스의 큰 원인이고, 이 때문에 팀 리더는 갈등관리에 능숙해야 한다. 작업 관련 스트레스는 다음과 같은 많은 부분에서 불리하게 영향을 줄 수 있다.

- **팀 구성원의 수행 능력**—스트레스를 과도하게 받은 팀 구성원은 최고의 품질 또는 생산성을 가져오는 일을 수행하지 못한다.
- **고객 서비스와 만족**—스트레스를 과도하게 받은 팀 구성원은 적절하게 고객을 서비스하고 만족시키는 데 필요한 긍정적이고 배려하는 태도를 가지기가 힘들다.
- **팀 구성원의 안전**—스트레스를 과도하게 받은 팀 구성원은 사고를 일으킬 가능성이 크며, 그 결과로 다른 사람에게 위험이 될 수 있다.
- **팀 구성원의 건강**—너무 과도한 스트레스는 질병을 가져올 수 있다. 스트레스는 혈압, 심장 박동, 위장 장애 등의 문제를 일으킨다.
- **결근과 지각**—과도하게 스트레스를 받으면 지각이나 결근하고 싶은 경향을 보인다. 이러한 일이 발생될 때 팀 전체의 목표 달성에 영향을 미친다.

4. 팀 리더의 갈등관리 방법

포카로사는 팀 갈등 시 이를 해결하는 단계를 크게 6단계로 제시하였다.

단계 1: 불평을 기꺼이 받아들이기	• 모든 확산적 관점에서 긍정적 측면을 찾는다. • 모든 불평은 팀 토의에 포함시킨다. • 불평과 건의사항은 모두 서류철에 보관한다. • 좌절하고 있는 팀 구성원을 이해하고 피하지 말라.
단계 2: 긍정적으로 반응하기	• 불평을 경청하기 위한 안전한 장소를 만든다. • 갈등의 상황에서 긍정적인 태도를 유지한다. • 건설적으로 팀워크의 신뢰를 보인다. • 불평을 들어주고 인내심을 가지고 부드럽게 대화한다.
단계 3: 동정을 활용하기	• 동조하면서 능동적으로 경청하라. • 동료의 감정에 충실한다. • 다른 사람의 아이디어와 느낌에 의식적으로 집중한다. • 다른 사람의 입장에서 바라본다.
단계 4: 긍정적 피드백을 활용하기	• '나 전달법'의 대화를 하고 이해와 조언을 활용한다. • 사람이 아닌 상황에 초점을 둔다. • 직접적이고, 구체적이고, 확고하고, 도움이 되도록 조언한다. • 긍정적 강화로 모든 부분에 균형을 유지한다.
단계 5: 문제를 직면하기	• 개방적으로 모든 측면을 토의함으로써 문제를 찾는다. • 완전한 해결책을 위하여 증상이 아닌 근본 원인을 찾는다.

	• 당신의 문제인지 아닌지를 떠나 개인적 책임감을 가진다. • 모든 갈등 상황을 학습의 기회로 전환한다.
단계 6 : 함께 해결책을 협상하기	• 협력을 활용하여 서로 WIN-WIN 하도록 협상한다. • 해답을 찾기 위하여 팀 규칙을 적용한다. • 대안을 브레인스토밍하기 위해 팀의 창의력을 활용한다. • 팀의 합의를 이루도록 팀 의사결정을 촉진시킨다. • 팀 문제를 자신의 문제로 선언함으로써 소속감을 유지한다.

[표 3-2] 갈등해결 단계

갈등이 발생될 때 팀 리더는 적절한 방법으로 그 갈등을 풀어야 한다. 다음은 팀 리더가 갈등을 해결하는 데 활용될 수 있는 절차를 제시한 것이다(Goetsch, 2004).

1. 모든 사람들에게 관련된 쟁점의 중요성을 결정한다.
2. 갈등에 관련된 팀 구성원이 긍정적인 태도로 그 쟁점을 토의할 수 있는지 그리고 하고 싶어 하는지를 판단한다.
3. 갈등의 쟁점에 대하여 신뢰를 가지고 협의할 사적인 장소를 선정한다.
4. 팀 구성원이 문제와 해결 모두에 다 책임이 있다는 것을 확실히 이해시킨다.
5. 양 측면에서 개방적으로 제안하도록 요구한다. 그리고 그들의 관

심, 감정, 아이디어, 생각 등을 자유로운 태도로 표현하도록 한다.

6. 갈등 문제의 명확하고 구체적인 정의를 참여자들에게 알려준다.
7. 해결을 제안하도록 참여자를 격려하고 주의 깊게 경청하도록 한다. 다양한 관점에서 문제를 검토하고 제안된 모든 해결책을 토의한다.
8. 모든 제안된 해결책에 대하여 이익과 손해, 장단점 등을 개방적으로 평가하고 최선의 해결책을 선정한다.
9. 갈등해결 과정의 쟁점과 토의를 성찰하고, 그 과정을 어떻게 개선할 수 있는지 참여자들이 자유롭게 표현하도록 격려한다.

5. 팀 갈등을 자극하기

팀에서 갈등이 너무 없는 상황은 팀 구성원이 과도하게 안정적이거나 비평적 사고, 혁신, 창조를 효과적으로 억누르면서 관리할 때 일어난다. 이러한 상황이 지속되면 오히려 팀의 침체를 가져올 수 있다. 팀 리더는 긍정적인 팀 갈등이 일어나도록 자극할 필요가 있다. 다음 질문에 '예'라고 답한다면 팀에서의 갈등을 자극할 필요가 있다고 판단된다(Goetsch, 2004).

- 팀이 항상 팀 리더에게 동의하고 듣기 좋아하는 말만 하는가?
- 팀 구성원이 도움을 청하는 것과 실수를 두려워하는가?
- 팀 구성원이 최선의 결정을 도달하기보다는 합의 도달에 더 집중

하는가?

- 팀 구성원이 목표 도달보다는 서로 잘 지내는 데 집중하는가?
- 팀 구성원이 보다 질적인 결정에 도달하기보다는 다른 사람의 상처를 주지 않으려는 데에 강조를 두는가?
- 팀 구성원이 작업 수행보다는 인기 유지에 강조를 두고 있는가?
- 팀 구성원이 새로운 아이디어를 창출하는 것을 피하는가?

갈등 없이도 살아 있고, 에너지가 넘치며, 발전적이고, 개선이 되는 팀이 가능할지도 모르지만 일반적으로 이러한 팀은 불가능하다. 혁신, 창조, 변화는 자연적으로 계속해서 갈등을 발생시킨다. 그러므로 갈등이 완전히 없다는 것은 팀의 생명력의 결여를 나타내는 것이며, 팀 리더는 긍정적인 갈등을 자극할 필요가 있다.

갈등을 자극하는 기술은 의사소통의 개선, 팀 구성원의 참여, 행동의 변화 등 세 가지로 설명될 수 있다.

- **의사소통의 개선**은 팀 내의 자유로운 아이디어의 흐름을 가능하게 해준다. 개방된 의사소통은 매일 팀의 침체를 막아주는 핵심 요인이 되고, 효과적으로 갈등을 다루는 메커니즘을 제공한다.
- 영향을 미치는 쟁점에 대한 의사결정 과정에 **팀 구성원을 참여**시키는 것은 팀 침체를 막는 데 도움을 준다.
- **행동의 변화**는 아마도 팀 내에서 갈등을 직접적으로 해결하기보다는 억누르거나 장려하지 않을 때 필요할 것이다. 다음 절차가 이러한 상황에서 팀 리더에게 도움이 될 것이다. (a) 팀 구성원이

나타내고자 하는 기대 행동이 무엇인지 확인한다 (b) 그러한 행동에 대하여 팀 구성원과 대화하며, 그에게 기대하는 팀 행동을 이해시킨다 (c) 바람직한 행동을 강화하고 (d) 앞서 설명한 갈등관리의 절차를 활용하여 갈등을 관리한다.

6. 갈등해결을 위한 의사소통

팀에서의 인간 갈등은 자연스러운 현상이고, 어떤 상황에서는 팀의 침체를 극복하는 수단이 된다는 사실을 확인하였다. 이 두 가지 상황에서 의사소통은 매우 중요한 역할을 한다. 다음 지침은 갈등관리에서 의사소통을 개선시키는 데 사용할 수 있다(Goetsch, 2004).

- 갈등에서 관련된 처음의 태도가 결과를 미리 결정할 수 있다.
- 가능하다면 갈등의 지침은 갈등이 발생하기 전에 마련되어야 한다.
- 비난하는 행위는 허용되지 않아야 한다.
- 지금 이상의 것을 기대하는 해결 방법은 지양되어야 한다.
- 약속을 지킴으로써 신뢰를 유지한다.

7. 팀 구성원의 화를 다루는 방법

팀 리더나 팀 구성원이 화를 내고 있는 상태에서는 결코 문제가 해결되지 않는다. 문제가 더욱 악화되기 전에 팀 구성원이 화가 나 있는 상황에서 팀 리더에게 도움이 되는 전략을 살펴보자(Goetsch, 2004).

1) 팀 리더가 피해야 할 행동

팀 리더는 화가 나 있는 팀 구성원에 대하여 즉각적으로 행동을 강요해야겠다고 생각할지도 모른다. 그러나 화가 나 있는 팀 구성원을 가라앉게 하는 것이 우선 취해야 할 행동이다. 팀 리더는 화가 나 있는 팀 구성원을 다루는 데 피해야 할 내용은 다음과 같다.

- **성질을 부리는 대응**—화가 나 있는 사람에게 성질을 부리는 대응은 불에 기름을 붓는 행위와 같다. 이는 상황을 더욱 악화시키고, 성질을 부리는 대응은 팀 리더가 취해야 할 선택이 아니다.
- **자리를 떠나는 것**—화가 난 사람을 대응할 때, 소극적으로 자리를 피하는 경우 장기적으로 상황을 더욱 악화시킬 수 있다. 문제가 더 악화되기 전에 즉각적으로 부정적인 상황을 직접 다루어야 한다.
- **화가 난 팀 구성원이 무례하다고 지적하는 것**—화가 난 팀 구성원에 대하여 질책하는 것은 더욱 화나게 하는 행위이다. 이러한 상황에서는 사실이 명백히 밝혀지기는커녕 더욱 상황이 악화될 뿐이다.

2) 팀 리더가 취해야 할 행동

화가 난 팀 구성원을 다루는 데 가장 중요한 두 가지는, (1) 안정을 유지시키고 (2) 화냄과는 상관없는 다른 문제에 집중하는 것이다. 이러한 접근은 말은 쉽지만 행동은 어렵다. 다음 전략은 화가 난 팀 구성원을 안정시키고 문제에 집중하는 법을 제시한 것이다.

- 당신의 호흡을 가다듬는다. 화를 포함하여 스트레스를 받으면 호흡이 빨라지고 불규칙적으로 되는 경향이 있다. 이러한 경우 여러 번 깊은 한숨을 내쉬고 편안한 상태를 유지한다. 이는 호흡을 정상으로 돌리고 당신의 정신을 안정시킨다.
- 실제적인 메시지를 위해 화를 간파한다.
- 당신의 목소리와 몸짓에 신경을 쓴다.

3) 화가 난 팀 구성원을 안정시키는 방법

화가 난 팀 구성원을 안정시키는 것이 중요하다.

- 화가 난 팀 구성원을 방해하거나 반대 의견을 제시하지 않는다. 화가 난 팀 구성원과 사적인 장소에서 만나 충분히 화가 난 상황을 청취하는 것이 매우 중요하다. 화가 난 사람은 자기의 이야기를 들어줄 누군가가 필요하다.
- 화가 난 팀 구성원은 말한 내용을 다시 반복하며 이해를 구한다.

이는 화가 난 팀 구성원이 말한 내용을 당신이 잘 청취하고 있다는 사실을 확인해주는 것이다. 듣는 것 이상의 처방은 없다. 사실 많은 사람들의 화는 자신의 이야기를 들어줄 사람이 없다는 사실에 있는지도 모른다. 이러한 접근의 다른 이점은 사실을 구체적으로 확인할 수 있다는 것이다.

- 화를 인정한다. 단순히 화가 난 상태를 인정하는 것도 화가 난 사람을 안정시킨다. 팀 리더는 실제로 팀 구성원이 화가 난 상황을 이해한다고 인정해주는 것이 중요하다. 인정은 이해를 보여주는 것이다.
- 문제를 해결할 때 화가 난 팀 구성원과 함께 풀도록 격려한다.
- 구체적인 문제해결에 합의를 한다.

8. 팀에서 부정성의 극복

부정성은 팀의 최적의 수행 결과에 거슬리는 작업을 하는 구성원의 행동이다. 부정성은 다음과 같이 범주화할 수 있다.

- 통제의 논쟁(누구 책임인가?)
- 의존/독립 논쟁(나는 필요하다, 나는 필요치 않다.)
- 관심의 필요/책임
- 권한 문제
- 충성도 논쟁

1) 부정성의 인지

팀 리더는 작업장에서의 부정성은 전염성이 강하기 때문에 그 징후를 경고해야 한다. 이는 팀에 빠른 속도로 파급되어 팀 분위기를 해치고, 팀의 수행능력을 무력화시킨다. 다음과 같은 부정성 징후들을 팀 리더는 주의 깊게 관찰하고 처방해야 한다.

- '나는 할 수 없다'는 태도
- '그들은'의 정신성—수행능력이 우수한 팀은 '우리는'이란 용어를 흔히 사용한다.
- 비판적 대화—수행능력이 우수한 팀은 차를 마시는 시간에도 작업 관련 주제와 개인적 관심 등의 긍정적인 대화가 오고간다. 그러나 대화가 비판적일 때 부정적인 태도가 지배하고 논쟁과 판단이 지배한다.
- 비난의 고착화—수행능력이 우수한 팀의 구성원은 비난이 아닌 문제에 집중한다.

2) 부정성의 극복

팀 리더는 팀 안에서 부정성을 확인한 경우, 그것을 제거하기 위한 적절한 절차를 밟아야 한다. 다음 전략은 팀에서의 부정성을 극복하는 데 사용될 수 있다.

- 지속적이고 효과적인 의사소통을 한다.
- 팀 구성원이 명확하게 기대를 갖게 하고 알게 한다.
- 팀 수행의 압박과 마감 등에 대한 근심의 분출구를 준비한다.
- 신뢰를 형성한다.
- 팀 구성원을 가까이 참여시킨다.

TEAM WORK TIP

WIN-WIN 협상

방법	할 것	하지 말 것
긍정적 관계 세우기	• 공동의 장을 추구하라. • 문제와 사람을 분리하라.	• 약점을 찾는다. • 이익을 조사한다. • 반대자를 공격한다.
상호이익을 추구하기	• 요구를 개방적으로 배열하라. • 정보를 공유하라.	
양쪽의 관심을 만족시키기	• 객관적 이익을 고려한다. • 원리에 기초한 결정을 한다.	• 조작에 기초하여 결정한다.
서로의 문제를 해결하기	• 폭넓은 개방적이고 창의적인 사고를 활용한다.	• 제한적으로 사고하고 마음을 감춘다.

Sandy Pokras(2002)

4 의사결정 기술 개발하기

주요개념

■ 의사결정, 의사결정 방법, 의사결정의 질, 문제와 의사결정, 의사결정과정, 창의성

의사결정과 문제해결은 구체적인 팀 문제를 해결하고 중요한 결정을 해야 하는 팀 리더의 아주 중요한 책임이다(Goetsch, 2004).

1. 의사결정의 정의

사람들은 날마다 의사결정을 한다. 어떤 것은 사소한 의사결정(무슨 옷을 입을까? 아침 메뉴는? 등)이고, 어떤 것은 중요한 의사결정(다른 회사로 옮겨볼까? 새로운 집을 살까? 등)이다. 의사결정은 중요성에 관계없이 다음과 같이 정의될 수 있다(Goetsch, 2004).

의사결정은 두 가지 이상의 대안 중에서 한 가지 대안을 선택하는 과정이다. 이상적으로 선택된 대안은 가장 좋은 것이거나 적어도 실행 가능한

최적의 대안이어야 한다.

의사결정은 엔진의 연료로 비유할 수 있다. 의사결정은 팀(엔진)을 움직이게 한다. 대부분의 경우 의사결정이 이루어지기 전에는 일을 진척시킬 수 없다.

■ **의사결정의 평가**

의사결정을 평가하는 방법은 크게 두 가지가 있다. 그 하나는 의사결정의 결과를 평가하는 것이다. 의사결정의 결과가 팀의 목표 달성을 이루었는지를 평가하는 것이다. 그러나 결과에 관계없이 의사결정의 과정을 평가할 수도 있다. 비록 결과가 성공적일지라도 과정에서의 잘못이나 개선점을 찾는 노력이 장기적으로 볼 때 필요하기 때문이다.

따라서 의사결정의 과정 평가는 결과의 성공과 실패와 관계없이 이루어져야 할 중요한 평가이다.

H. 존슨과 P. 존슨(1991)은 의사결정의 일곱 가지 방법을 제시하였다(in Smith, 2004).

1. 토론 없이 권위로 결정하기
2. 전문가의 의사결정
3. 팀 구성원의 평균적 의견에 기초한 의사결정
4. 토론 후에 권위에 의한 의사결정
5. 소수의 의견 청취

6. 다수의 의견 청취

7. 팀 구성원의 완전한 합의

또한 그들은 여기서 개인 결정, 소수 반영, 소수 수용, 다수 수용, 완전 합의의 다섯 가지 의사결정의 질적 수준과 시간 소요를 다음과 같은 그래프로 설명하였다(in Smith, 2004).

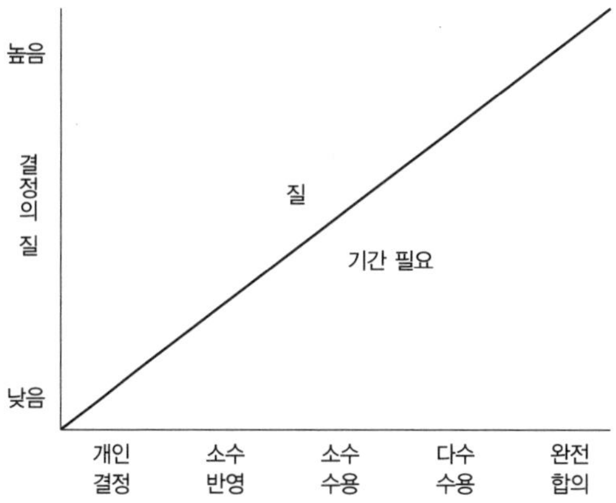

[그림 4-1] 의사결정의 방법과 질, 시간과의 관계

그래프에서와 같이 완전 합의의 경우 의사결정의 질은 가장 높지만 시간이 가장 많이 소요됨을 알 수 있다.

2. 문제와 의사결정

모든 사람은 집에서, 일터에서, 그리고 사람 관계에서, 삶의 전 장면에서 문제를 가지고 있다. 문제는 무엇으로 구성되어 있는가? 많은 사람들에게 그들에게 가장 큰 문제가 무엇이냐고 물어보면 당신은 많은 대답을 얻을 것이다.

- "나는 돈을 많이 못 번다."
- "나는 체중이 너무 나간다."
- "나는 보다 많은 교육을 받고 싶다."
- "나는 내 직업을 싫어한다."

이들의 많은 대답은 일반적으로 '기대하는 것'과 '가지고 있는 것'의 차이 때문에 발생된다. '문제'는 다음과 같이 정의될 수 있다 (Goetsch, 2004).

> 문제(problem)는 '기대하는 것'과 '가지고 있는 것' 간의 불일치 혹은 잠재적 불일치가 존재하는 상황이다.

명백히 불일치가 크면 클수록 문제는 커진다. 문제의 확대를 결정하는 핵심 요인은 문제를 해결하는 데 관련된 당사자의 능력이다. 기대하는 것과 가지고 있는 것의 불일치가 크게 나타날지라도 만약 불일치를 제거할 수 있는 능력을 가진 사람이 있다면 큰 문제가 되지 않는다. 반대로 불일치의 정도가 작을지라도 그것을 제거할 능력이 없는 사람에게는 큰 문제가 될 수도 있다.

문제의 특성

문제는 구조화, 조직 수준, 긴급성에 따라 분류될 수 있다. 문제의 구조는 아주 잘 구조화된 문제와 그렇지 않는 문제까지 다양하다. 아주 구조화가 잘 된 문제는 의사결정자가 문제와 해결방법을 동시에 이해했을 경우에 존재한다. 구조화가 잘 안 된 문제는 의사결정자에게 대안과 해결방안이 확실하지 않을 때 존재한다. 따라서 문제는 구조화 정도에 따라 연속성을 띠고 매우 다양한 문제들이 존재한다.

구조화가 잘 된 문제는 의사결정이 예측가능하고 자동적이다. 예를 들어 복사기에 용지가 떨어지면 그 문제는 용지를 보급하면 되는 것과 같다.

구조화가 잘 안 된 문제는 예측 가능하지도 않고 자동적으로 해결되지 않는다. 예를 들어 작은 회사에서 전문적인 기술자가 중요한 군사상의 일로 차출되어 언제 돌아올지도 모르는 경우, 그 해결 방안의 의사결정은 매우 어렵다. 즉 다른 구성원을 연장 근무시킬 것인지, 그가 돌아올 때까지 기다리든지, 아니면 임시 기술자를 고용할 것인지, 또는 계약자에게 연락하여 납품 기일을 연장할 것인지 등 매우 어려운 결정을 해야 한다. 이와 같이 구조화가 잘 안 된 복잡한 문제는 의사결정을 하기 전에 팀 리더가 그 문제의 대안들을 수집된 정보에 기초하여 매우 주의 깊게 검토할 필요가 있다.

문제는 또한 조직 수준에 따라 매우 다양하게 존재한다. 고위 관리자급의 의사결정자는 전략적 문제들을 다룬다. 팀 리더는 매일 매일 조직의 일에 영향을 미치는 업무 수행 수준 문제를 다룬다. 팀 리더는 그의 권한 범위 내에 있는 문제들은 고위 관리자와 상의 없이 다룰 수 있다. 전략적 수준의 문제들은 팀 리더의 권한 범위를 벗어난다.

문제는 긴박성의 정도에 따라 분류될 수도 있다. 즉 절박한 문제부터 보통의 절차적인 문제까지 다양하게 나타난다. 일을 기획하고 조직하는 관리 업무의 목적 중에 하나는 위기 문제의 발생 가능성을 최소화하는 것이다.

위기 문제는 즉각적인 주의와 의사결정의 대응이 강하게 요구된다. 반면 절차적인 문제는 문제의 상황, 대안 고려, 아이디어 창출 등을 연구할 시간이 주어진다. 팀 리더는 위기 문제를 최소화하기 위하여 계획-조직-학습의 세 단계 접근을 적용해야 한다.

주의 깊은 계획과 조직화는 위기 문제를 최소화시킨다. 그러나 최고의 계획과 조직이라도 완전히 위기 문제를 해결할 수 없다. 이는 학습의 단계가 너무 중요하기 때문이다. 팀 리더는 모든 위기 극복으로부터 배워야 한다.

위기를 사후에 주의 깊게 분석하면 두 가지 이점을 얻을 수 있다. 첫째는 미래의 위기 문제를 더욱 최소화하는 계획과 조직 과정의 개선이며, 두 번째는 팀 리더가 유사한 위기를 앞으로는 보다 잘 대처할 수 있다는 것이다(Goetsch, 2004).

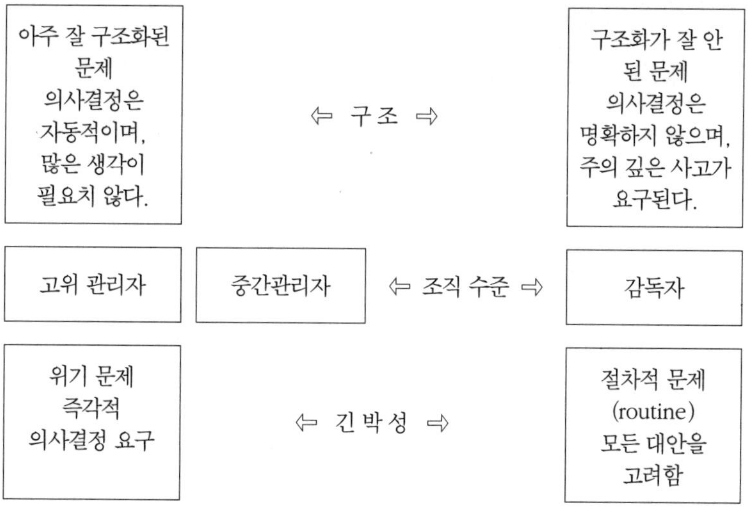

[그림 4-2] 의사결정을 위한 문제의 분류

3. 팀을 위한 의사결정 과정

의사결정은 일련의 과정을 가지고 있다. 이는 팀 체제에서 더욱 중요하다.

의사결정 과정은 결정이 이루어져가는 논리적으로 계열화된 활동이다.

여기에는 수많은 의사결정 모델이 있다. 〔그림 4-4〕에서 제시된 것은 문제의 단계에 따른 의사결정 모델로서 의사결정 과정은 크게 세 단계로 나누어진다(Goetsch, 2004).

1. 문제를 확인/예측하기

2. 대안들을 고려하기

3. 최적의 대안, 적용, 통제, 적응을 선택하기

1) 문제를 확인/예측하기

만약 팀 리더가 문제를 예측할 수 있다면 문제를 막을 수 있는 능력을 가지고 있는 것이다. 예측된 문제는 마치 방어 운전과도 같다.

팀 리더가 겪는 문제는 시간, 자본, 재료, 사람, 장비 등의 자원과 밀접한 관련이 있다. 이러한 것들이 부족할 때 팀 리더는 문제를 직접적으로 다루어야 한다. [표 4-1]은 팀 리더에 도움을 주는 표면 아래의 잠재되어 있는 인적 자원과 과정, 자원의 목록이다. 이것을 검토하면 시간과 에너지를 절약할 수 있을 것이다(Goetsch, 2004).

인적 자원과 과정		
• 고위 관리 정책	• 재고 자산	• 자원인사
• 사내 배달	• 자원조달	• 외부 배달
• 고용원	• 작업 과정	• 훈련
• 방법	• 구매	• 일정
자원		
• 시간	• 장비/ 기술	• 자본
• 재료	• 자원 조달	

[표 4-1] 잠재적 문제의 원인

2) 대안들을 고려하기

대안을 고려하는 일은 두 단계가 있다. 첫 번째는 현재의 상황에 따라 이용가능한 모든 대안을 목록으로 만드는 것이다. 두 번째는 각 대안들을 평가하는 것이다. 첫 번째 단계에서 제안된 수많은 대안들 중에 실행 가능성, 팀 리더의 해결 범위, 문제의 원인 등의 여러 가지 요인에 의하여 제한된 대안들만을 고려할 수 있을 것이다. 제안된 대안은 바람직한 결과를 위한 준거에 따라 각각 평가된다. 대안을 결정하는 데 준거 평가에 더하여 팀 리더의 경험, 판단, 직관도 함께 고려해야 한다.

3) 최적의 대안, 적용, 통제, 적응을 선택하기

모든 대안을 충분히 검토한 후에는 오직 한 가지 대안만이 선택되고 적용된다. 팀 리더는 적용과 그 진행과정을 면밀히 지휘해야 한다. 즉 선택된 대안이 바람직한 효과를 보이는가? 그렇지 않다면 수정이 필요한가? 등을 점검해야 한다.

최적의 대안을 선택하는 것은 논리, 합리, 직관, 예측, 행운 등이 요구되는 부정확한 과정이다. 때때로 적용을 위하여 선택된 대안이 바람직한 결과를 가져오지 못하는 경우도 있다. 이러한 일이 발생하는 것은 비효율적이기 때문에 팀 리더는 희생을 감수하고 또 다른 대안을 선택해야 한다. 대안이 효과가 없다고 판단될 때 이미 선택한 대안에 집착하는 것은 목표 달성을 위하여 바람직하지 못하다. 이러한 경우 대안을 수정하든지 혹은 또 다른 대안을 선택할 필요가 있다.

결과적으로 의사결정은 창의성-분석-결정의 순서로 확산적 사고와 수렴적 사고로 좁혀지면서 이루어진다. 다음 그림은 그 과정을 제시한 것이다(Pokras, 2002).

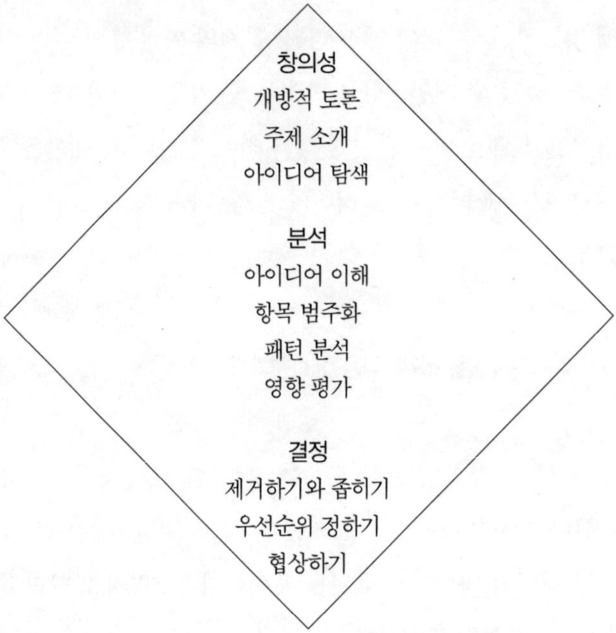

[그림 4-3] 의사결정의 과정: 창의성-분석-결정

4. 팀을 위한 의사결정 모델

팀 리더가 이용할 수 있는 대부분의 의사결정 모델은 객관적 모델 또는 주관적 모델의 두 가지 중 하나이다. 그러나 실제로는 각 모델은 두 가지 특성을 다 갖는다고 볼 수 있다(Goetsch, 2004).

1) 객관적 의사결정 모델

객관적 모델은 논리적이고 순서화된 모델이다. 이것은 절차가 순서적으로 진행되고, 팀 리더가 의사결정 과정을 체계적으로 따른다는 것을 가정하고 있다. 또한 완성되고 정확한 정보가 이용 가능하고, 팀 리더가 최적의 선택이라고 느끼는 것을 자유롭게 선택한다는 것을 가정하고 있다.

이러한 가정들은 실제로 존재하기 힘들기 때문에 완전한 객관적 의사결정 모델은 자주 사용되지 않는다.

2) 주관적 의사결정 모델

객관적 의사결정 모델이 논리와 완성되고 정확한 정보에 기초한 반면, 주관적 의사결정 모델은 직관과 경험, 불완전한 정보에 의존한다. 이 접근법은 의사결정자가 업무 압력, 시간 부족, 제한된 정보과 같은 환경에서 사용한다. 주관적 의사결정 모델의 목표는 이러한 상황 하에서 최적의 결정을 만들어내는 것이다.

이러한 접근법을 활용할 때, 빈약한 정보에 기초하여 빠른 결정이 이루어지기 때문에 항상 결정에 대한 위험이 도사리고 있다.

5. 의사결정 과정의 참여를 통한 팀 구성원 강화

스미스(2003)는 효과적인 의사결정의 다섯 가지 특성을 제시한다. 이러한 효과적인 의사결정이 이루어지기 위해서는 의사결정 과정에서 팀 구성원의 참여가 필수적이다.

1. 팀 구성원의 자료와 요구가 잘 활용된다.
2. 시간을 잘 사용하고 있다.
3. 결정이 올바르고, 높은 수준이다.
4. 결정에 팀 구성원의 요구가 완전히 반영된다.
5. 팀의 문제해결 활동이 강화된다.

함께 의사결정에 참여한 팀 구성원은 의사결정에 보다 소유의식과 책임을 갖고 그 결정을 수행하게 된다. 팀 구성원으로부터 요구를 받아들여 의사결정을 하는 것을 강화(empowerment)라고 한다. 여기에는 장점과 단점 두 가지 모두 존재한다(Goetsch, 2004).

1) 팀 구성원 참여를 통한 강화의 장점

의사결정 과정에서 팀 구성원을 참여시키면 문제에 대한 보다 명확한 진단과 보다 종합적인 모든 대안이 나올 수 있다. 그리하여 팀 리더는 대안을 잘 평가하여 최적의 대안을 만들어낼 수 있다. 가장 좋은 이점은 의사결정 이후에 나타난다. 의사결정 과정에 참여한 팀 구성원은 의사결정 내용을 보다 잘 이해하고 수용하여 선택된 대안의 달성 가능성을 높일 수 있다.

2) 팀 구성원 참여를 통한 강화의 단점

팀 구성원을 의사결정에 참여시키는 것은 시간이 필요한 일이고 팀 리더에게 항상 많은 시간이 주어지는 것이 아니다. 또한 의사결정 과정에 참여한 팀 구성원끼리 갈등을 빚을 수도 있다. 또 하나의 중요한 단점은 최적의 결정이 아닌 민주적 타협의 결정이 나올 수 있다는 것이다. 만약 팀 리더가 그룹의 충고를 무시한다면 불협화음을 초래할 것이다.

집단 참여의 효과를 높이기 위한 여러 가지 기법이 있다. 가장 잘 알려진 것이 브레인스토밍, NGT(Nominal-Group), Quality Circles이다.

① 브레인스토밍 기법

브레인스토밍을 이용하면, 팀 리더는 팀 구성원들이 아이디어를 내는 데 촉진자 역할을 해야 한다. 팀 구성원의 어떠한 아이디어도 격려해야 하고 비판적인 평가를 해서는 안 된다. 일반적으로 팀 구성원 중에서 한 사람의 기록자를 두어 모든 아이디어를 다양한 펜과 보드, 또는 프로젝트에 기록하여 팀 구성원들이 계속적으로 그것들을 검토하도록 한다.

모든 아이디어가 제안된 뒤에 참여자는 한 번에 한 아이디어씩 검토를 요구하고 상대적 가중치를 부여한다. 이러한 과정은 아이디어를 좁혀나가고 구체화하는 과정이 된다. 예를 들어 팀 리더는 아이디어 중에서 3개로 줄여서 검토할 수 도 있다.

② NGT

NGT는 브레인스토밍을 보다 정교화된 것이다.

1. 문제를 진술한다.
2. 팀 구성원은 자기의 아이디어를 조용히 기록한다.
3. 각 구성원의 아이디어를 기록하고 공개한다.
4. 아이디어를 명료화한다.
5. 아이디어를 투표한다.

첫 번째 단계에서 팀 리더는 해결하여야 할 문제를 정확하고 구체적으로 제시해야 한다. 이 때 문제의 명료화를 위하여 팀 구성원과 토의를 해도 좋다. 두 번째 단계는 팀 구성원 모두가 자기의 아이디어를 각자 기록하게 한다. 이때는 팀 구성원 간에 토의를 하지 않는다. 이 기법은 아이디어에 대한 비판이나 동료의 압력이 없는 채로 자신의 아이디어를 자유롭고도 개방적인 사고로 낼 수 있도록 촉진시킨다.

세 번째 단계에서는 각 팀 구성원은 자기의 아이디어를 프로젝트나 보드에 기록하여 공개하고 공유한다. 그리고 각자의 아이디어에 번호를 매긴다. 이 단계에서도 팀 토의는 허락하지 않는다. 네 번째 단계에서는 이해되지 않는 아이디어를 명료하게 한다. 그리고 마지막 과정에서 아이디어를 투표할 때, 다섯 색상의 카드를 활용하여 우선순위대로 색깔별로 아이디어를 쓰도록 하여 투표할 수도 있다.

③ Quality Circles 기법

Quality Circles은 직무와 관련된 문제를 해결하기 위한 팀 구성원들이 결성하는 모임을 말한다. Quality Circles의 가장 중요한 원리는 관련 있는 문제의 직무를 가장 잘 알고 있는 사람들의 모임이라는 것이다. 브레인스토밍과 이 기법의 가장 기본적인 차이점은 Quality Circles 기법의 구성원은 팀 리더가 지명하지 않고 자원한다는 것이다. 또한 문제가 발생할 때까지 기다리지 않고 모임을 갖는데, 정기적으로 그들의 일을 협의하고 문제를 예측하고, 생산성을 개선시키는 방법을 찾는다. Quality Circles 기법은 반드시 팀 리더가 아닌 촉진자로서 수행할 사람이 있어야 한다. 이는 매번 모임 마다 다른 사람이 될 수도 있다.

3) 집단 의사결정의 잠재적 문제

팀 리더는 집단 의사결정에서 집단사고와 집단전이에 대한 개념을 알고 있어야 한다.

집단사고는 올바른 의사결정보다 집단의 합의 도달에 관심을 둘 때 일어난다. 이는 지나친 처방적 리더십, 조화를 원하는 동료의 압박, 집단 분리, 집단 의사결정 기술의 부족 등의 요인에 의하여 발생된다. 이를 피하기 위한 전략은 다음과 같다.

- 비판을 독려한다.
- 여러 가지 대안의 개발을 격려한다. 결정을 서두르지 않도록 한다.
- 한 명 이상씩 악마의 변호(devil's advocate) 역할을 맡긴다.
- 쟁점에 익숙하지 않은 사람을 참여시킨다.
- 마지막 회의라는 생각을 유지한다. 한 가지 결정에 도달했을 경우 면밀히 그것을 검토하게 하고, 마지막 회의니 다시 한 번 검토하도록 요구한다.

집단전이는 팀 구성원의 처음의 아이디어가 너무 과장되어 매우 위험해져서 보수적으로 이동하는 현상이다. 팀 리더는 초기 아이디어의 비판을 강화하고, 팀 구성원 중에서 악마의 변호를 하는 역할을 부여함으로써 이를 방지해야 한다.

6. 의사결정 과정에서의 정보의 역할

정보는 의사결정에 매우 중요한 역할을 한다. 비록 정확하고, 최신의 것이고, 종합적인 정보라 할지라도 올바른 결정을 한다는 보장은 없지만 정보의 부족은 틀림없이 나쁜 결정을 내리게 한다. 오래된 말이지만 의사결정에서는 '지식은 힘'이며 특히 경쟁상황에서는 더욱 그러하다.

'정보'는 의사결정 과정에서 데이터가 이용 가능한 형태로 전환된 것으로 정의된다. 의사소통에서 송신자, 매체, 수신자를 요구하고, 이 과정에서 정보는 송신자가 보내서, 매체로 전달되고, 수신자가 받아들인다.

기술의 진보로 많은 정보를 빠르게 수집할 수 있다. 물론 정보의 질은 기술적인 시스템에 들어가는 데이터의 정확성과 계속적인 데이터의 업데이트에 의존한다(Goetsch, 2004).

1) 데이터와 정보

어떤 사람을 위한 데이터는 다른 사람에게 정보가 될 수 있다. 차이점은 개인의 요구에 달려 있다. 팀 리더의 요구는 그가 처리하고자 하는 의사결정의 유형에 따라 결정된다. 다음은 팀 리더가 정보의 유형을 결정하는 데 필요한 질문이다.

- 나의 책임이 무엇인가?
- 나의 조직(회사 또는 부서)의 목표는 무엇인가?
- 이런 책임과 목표와 관련되어 의사결정을 하는 유형은 무엇인가?

2) 정보의 가치

정보는 유용한 상품이다. 정보는 사람들의 요구를 돕고 확장시키는 가치 있는 것이다. 정보는 또한 비용이다. 수집, 저장, 처리, 지속적 업데이트, 필요한 형태로의 변환을 위하여 비용이 지출된다. 그러므로 팀 리더는 필요한 정보의 가치를 따질 필요가 있다. 의사결정 가치가 10만 원인데 100만 원의 정보비 지출은 비상식적이다.

3) 정보의 양

우리는 흔히 "너무 많은 정보 때문에 정보를 얻을 수가 없다"고 하소연한다. 이것은 사실이 아니다. 정보기술의 진보와 더불어 이러 현상을 정보 과잉이라고 부르기도 한다. 정보 과잉은 다음과 같은 문제를 일으킬 수 있다.

- 혼란
- 좌절
- 중요하지 않은 문제에 과도한 관심
- 중요하지 않은 문제에 비효율적인 관여
- 의사결정의 비생산적인 지연

이러한 정보 과잉을 피하기 위해서는 팀 리더는 다음과 같은 전략을 적용할 필요가 있다.

- 가능한 곳부터 매일 보고를 주간 보고로 바꾼다.
- 가능한 곳부터 주간 보고를 월간 보고로 바꾼다.
- 정규적인 기초가 마련된 모든 보고서를 조사하여 불필요한 부분을 제거한다.
- "reporting by exception" 기법을 활용한다.

• 효과적으로 보고 양식 및 그래픽 등을 개발한다.
• 온라인과 주문형 정보를 활용한다.

7. 의사결정 과정에서의 창의성의 역할

경쟁이 지배하는 시장에서 조직의 융통성, 혁신성, 창의성은 의사결정 과정에서 매우 중요하다. 불확실한 경쟁에서 살아남고 빠른 시장의 변화에 적응하기 위해서 조직과 팀의 모든 수준에서 창의성이 요구된다(Goetsch, 2004).

1) 창의성의 정의

리더십과 창의성에 대한 정의는 매우 많이 있다. 그리고 창의적인 사람이 태어나는지 만들어지는지에 대한 관점도 다양하다. 글로벌 조직의 목적을 위한 유용한 창의성의 정의는 다음과 같다.

> 창의성은 어떠한 경쟁 상황에 영향을 주는 문제를 다루는 데 있어서 새롭고, 차별적이고, 상상적이고, 혁신적인 관점을 개발하는 과정이다.

이러한 관점을 개발하기 위해서 의사결정을 하는 사람에게는 지식과 경험이 필요하다.

2) 창의적 과정

창의적 과정은 조사, 부화, 명료화의 세 단계로 진행된다.

- **조사**—조사는 주어진 영역에 대하여 학습, 경험 획득, 정보 수집과 저장을 포함한다. 창의적 의사결정은 조사와 연구를 통하여 사려 깊게 준비되어야 한다.
- **부화**—부화는 개발, 변화, 성장, 견고화를 하기 위하여 주어진 아이디어를 창출하는 시간이다. 의사결정을 하는 사람은 운전하면서, 휴식을 위하면서, 잠들면서, 생각에 잠기면서 아이디어를 부화시킨다. 부화에는 의사결정을 하는 사람이 관련된 쟁점을 떠나 생각할 여유가 필요하다. 부화는 흔히 잠재의식적 마음에서 이루어진다.
- **명료화**—명료화는 부화 다음에 진행되는 잠재적 해결 방안이 명료해지는 단계이다. 부화 단계에서 착상된 아이디어를 구체적으로 발전시키는 단계이다.

3) 창의성을 저해하는 요인

다음 요인들은 창의성을 저해하는 경향이 있다.

- 한 가지 답만을 찾는 것—어떤 문제에 대한 올바른 해결 방안이 한 가지뿐일 경우는 드물다.

- **너무 논리적인 시도를 하는 것**—창의적 해결 방안은 때때로 논리와 보편적 지혜를 거부한다.
- **너무 규칙을 준수하는 것**—때때로 최적의 해결 방안은 경계선 밖에 존재하며, 규칙에 의하여 지배받는 제한을 뛰어넘을 때 나오는 경우가 있다.
- **모호성을 피하기**—모호성은 창의적 과정에서 정상적인 현상이다. 이는 왜 부화의 단계가 중요한지를 설명해준다.
- **위험 피하기**—팀이 어떤 문제에 대하여 해결 방안을 찾지 못한 경우, 이는 흔히 의사결정자가 창의적 결정을 내리기를 꺼려하는 것을 의미한다.
- **놀이 방법을 잊어버린 것**—성인은 때때로 놀이 방법을 잊어버릴 정도로 너무 진지하다. 놀이 활동은 창의적 아이디어를 자극한다.
- **반대에 대한 두려움과 어리석은 생각이라고 여기는 것**—자신의 아이디어가 혹시 거부되거나 어리석은 아이디어라고 놀림을 당할 두려움을 느끼는 경우 창의적인 사고를 할 수 없다.
- **"나는 창의력이 없어"라고 말하는 경우**—자신이 창의적인 사람이 아니라고 단정하는 사람은 창의적인 사고를 할 수 없다. 어떤 사람은 자신이 창의적인 사람이라고 믿기 때문에 더 많은 창의적인 아이디어를 창출한다.

TEAM WORK TIP

의사결정의 두 가지 접근		
	중재적 의사결정	탐구적 의사결정
의사결정의 개념	경쟁	협력적 문제 해결
토의 목적	설득과 로비	검사와 평가
참여자 역할	다른 사람을 설득 지위에 의존 약점을 들추어냄	균형 잡힌 주장 대안의 개방적 토론 건설적 비평의 수용
소수 의견	사소하게 취급하거나 무시	계발되고 가치를 부여
결과	승자와 패자	공동 승리

Garvin & Roberto(2001) in Smith(2004)

'나'가 없는 대화

팀워크 개발 활동 6
TEAM BUILDING

• 목표

팀 구성원들은 인식했던 것보다 더 자기중심적인 경향이 있다는 것을 확인하고, 다른 사람들에게 집중하는 것이 중요함을 인식하는 데 도움을 준다.

• 절차

1. 대인관계 능력이나 의사소통 태도에 대하여 토론한 후에 우리가 다른 사람들에게 주의를 기울이지 않는 많은 일들과, 의식하고 하는 것은 아니지만 자기중심적인 것들을 격식 없이 말해보자.
2. 파트너를 정하고, 2분 동안 토론하기. 원하는 영역에 대하여 대화한다. 원하는 어떤 것도 할 수 있지만 "나/내가"라는 말만 할 수 없다.

• 활동 토의

1. 여러분은 "나"라는 말을 사용하지 않고 2분 동안 얼마나 많은 대화를 할 수 있었습니까?
2. 왜 대화에서 "나"라는 말의 사용을 피하는 데 많은 어려움을 겪었습니까?
3. "나"라는 말로 모든 문장을 시작하는 사람들에게 대화할 때(들을 때) 여러분은 어떻게 느꼈습니까?
4. 다른 사람들에게 좀 더 주의를 기울이기 위해 대화를 어떻게 표현할 수 있겠습니까?
5. 만약 여러분이 "나"라는 단어를 사용하지 않는다면, 여러분은 그것을 피하기 위해 어떤 방법을 사용하였습니까? 여러분은 이러한 일들을 당신의 업무(또는 사회) 환경에 더 자주 사용할 수 있습니까?

• 팁

각 조의 한 명에게 "나"의 횟수를 세도록 한다.

팀워크 개발 활동 7
TEAM BUILDING

팀의 가치와 의사결정

• 목표

팀 의견 결정의 가치를 증명하는 것

• 준비물

참가자 각자에게 나눠줄 중요한 직무 요소를 복사한 인쇄물

• 절차

1. 중요한 직업요소 양식의 사본을 각 참가자에게 나누어 준다.
2. 참가자들에게 10개의 항목 중 전국적으로 근로자가 현재의 직업을 결정하는 데 아주 중요한 이유로 작용했을 것으로 생각되는 정도에 따라 1~10(1=가장 높은, 1=가장 낮은)까지의 순서를 정하도록 지시한다. 결과는 2번 행에 기입한다.
3. 등급 매기기 과정 작업을 팀으로서 반복하도록 요구한다. 팀 순위를 합의하도록 지시하고 그 결과를 4번 행에 입력한다.
4. 종이에 적혀 있는 정답을 보여주고 팀원들이 3번 행에 실제 순위를 입력한다. 그러고 나서 참가자들에게 다음을 따라하도록 한다.

1) 2행에 있는 개인 순위와 3행에 있는 (표준)조사된 순위의 절대값의 산술 차이를 계산하여(+, -부호 없이) 그 결과를 1행에 적는다.
2) 4행에 있는 팀 순위와 3행에 있는 (표준)조사된 순위의 절대값의 산술 차이를 계산하여(+, -부호 없이) 그 결과를 5행에 적는다.
3) 1행과 5행에 있는 절대값 수를 합계하여 1행과 5행의 아래에 준비된 공간에 두 합계를 적는다.

다음의 토론에서, 당신이 팀에서 다양한 관점의 혜택을 얻을 때, 혼자 행동할 때보다 일반적으로 더 낳은 결정을 한다는 것을 나타내시오.

• 활동 토의

1. 개인과 팀 중 누가 더 잘 실행했는가?
2. 얼마나 많은 사람이 개인 순위와 실제 조사된 결과의 차이를 의외로 생각했는가?
3. 어떤 요소가 개인 순위와 실제 조사된 차이의 원인이 되었는가?
4. 당신이 개인으로서보다 팀으로서 등급 매김을 수행했을 때 당신의 순위는 얼마나 더 정확했나?
5. 이러한 직무에 있어서 어떤 요소가 팀의 성공에 기여했나?
6. 어떻게 하면 우리 팀이 더 생산적일 수 있을까?

[자료] 중요한 직업 요소

항 목					
	1	2	3	4	5
승진기회					
업무내용에 관한 관리					
유연한 작업일정					
급부(연금/휴가 등)					
고용보장					
작업의 특성					
자유로운 의사전달					
봉급/임금					
조직의 크기					
격려하는 작업					

중요한 직업요소

	Rank
승진 기회	8
업무 내용에 관한 관리	3
유연한 작업 일정	7
급부(연금/휴가 등)	6
고용보장	4
작업의 특성	2
자유로운 의사 전달	1
봉급/임금	9
조직의 크기	10
격려하는 작업	5

출처 : WorkForce Study Finds Loyalty : Wall Street Journal, (1993. 9.3. p. B-1)

| 성찰과 토론 | *Reflection & Discussion*

□ 팀 리더십 기술

1. "리더는 태어나는가, 아니면 만들어지는가"에 대한 여러분들의 생각은?
2. 팀워크에 적용할 수 있는 '리더십'을 정의해보고, 팀 리더가 할 수 있는 세 가지 역할은?
3. 훌륭한 리더의 특성을 제시하고 왜 그런지 토론해보자.
4. 다음은 리더십에 대한 오해를 제시한 것이다. 왜 이러한 오해가 있는지, 그리고 오해의 진술들을 올바르게 다시 진술해보자.

오해 1 : 리더십은 특별한 기술이 없다.

오해 2 : 리더십은 타고나는 것이지 만들어지는 것이 아니다.

오해 3 : 리더는 카리스마가 있어야 한다.

오해 4 : 리더십은 높은 지위에 있는 사람의 전유물이다.

오해 5 : 리더는 통제하고, 지시하고, 명령하고, 조정하는 것이다.

오해 6 : 리더는 학습자가 될 필요가 없다.

5. 다섯 가지 리더십 유형을 제시하고 설명하고, 팀 체제에서의 가정 적절한 리더십 유형은 무엇이며, 그 이유는?
6. "리더는 인기가 있어야 한다"는 주장을 두고 찬반 논쟁을 해보자.
7. 추종세력을 만들고 유지하기 위한 리더십 특성을 열거하고 설명하시오.
8. 팀 리더십을 무너뜨릴 수 있는 세 가지 함정은 무엇이며, 이에 빠지지 않기 위한 전략을 생각해보자.
9. 윤리적인 문제에 직면했을 때 사용될 수 있는 다섯 가지 시험을 제시하고 설명하시오.
10. 윤리적 측면에서 팀 리더는 역할은 어떻게 설명할 수 있는가?

□ 의사소통 기술

1. 의사소통을 여러분의 말로 재정의해보고, 보통의 의사소통과 효과적인 의사소통의 차이점을 설명하시오.
2. 의사소통의 수준과 과정을 실례를 들어 설명하시오.
3. 완전한 의사소통이 무엇을 의미하는지 그림으로 그려서 설명하시오.
4. 의사소통을 방해하는 다섯 가지 요소를 열거하시오.
5. "청취"를 자신의 말로 재정의해보시오.

6. 효과적인 청취를 방해하는 다섯 가지 요소를 설명하시오.
7. 비언어적 의사소통의 세 가지 범주는 무엇인가?
8. 나의 청취 능력 자가진단을 해보고, 나의 개선점을 찾아서 실천해보자.

□ **갈등관리 기술**

1. 작업장에 일어나는 다섯 가지 일반적 갈등의 원인을 제시하고 설명하시오.
2. 포크라스의 갈등의 과정을 그림으로 그려보고, 팀의 실례를 들어 설명해보자.
3. 사람들이 갈등에 반응하는 다양한 방법을 설명하고, 당신은 어떻게 반응하는가?
4. '갈등해결'과 '갈등관리'의 차이점은 무엇인가?
5. 포크라스(2002)의 팀 리더의 갈등해결의 6단계를 실제적 사례를 들어 설명하시오.
6. 팀 리더는 필요한 경우 '팀의 갈등을 자극해야 한다'는 의미가 무엇인지 토론해보자.
7. 작업장에서의 갈등을 예방하기 위하여 팀 리더는 어떻게 의사소통해야 하는가?
8. 화가 난 팀 구성원을 다룰 때, 팀 리더가 하지 말아야 할 행동과 해야 할 행동을 설명하시오.
9. 화가 난 팀 구성원을 안정시키는 가장 좋은 방법은?
10. 팀에서의 '부정성' 징후는 무엇인가?
11. 팀에서의 부정성을 극복하기 위하여 팀 리더가 할 수 있는 전략은?

12. 팀 갈등 시 함께 WIN-WIN 하는 전략을 위하여 '할 것', '하지 말 것'의 행동들을 말해보고, 왜 그런지 이유를 토론해 보자.

□ 의사결정 기술

1. '의사결정'을 여러분의 말로 재정의해보시오.
2. 의사결정을 평가하는 두 가지 방법은 무엇인가, 그리고 그 내용을 간략히 설명하시오.
3. 의사결정의 다섯 가지 방법을 결정의 질, 시간 소요 등과 관련지어 설명해보고, 팀에서 가장 바람직한 의사결정 방법은 무엇인가?
4. '문제'를 여러분의 말로 재정의해보고, 문제의 세 가지 특성은 무엇인지 생각해보라.
5. 위기 문제는 무엇인지 설명하고, 팀 리더는 위기 문제를 어떻게 최소화할 수 있는지 생각해 보라.
6. "의사결정 과정"을 정의하고, 의사결정과정의 세 단계를 각 단계별로 예를 들어 간단히 설명하시오.
7. 의사결정의 주관적 모델과 객관적 모델을 비교 및 대조하여 설명하시오.
8. 의사결정에서 팀 구성원을 참여시키는 것의 이점과 단점에 대하여 토론해보시오.
9. 브레인스토밍, NGT, Quality Circles 기법 중 한 가지를 활용하여 실제로 의사결정이 필요한 문제를 선정하여 해결 아이디어를 창출해보고, 그 해결 방안을 해결할 의사결정 기법(수렴적 사고 기법)을 활용하여 최적의 의사결정을 해보자.
10. 그룹 의사결정에서 집단사고와 집단전이의 개념을 예를 들어 설명하

시오.

11. 데이터와 정보의 차이점을 설명하고, 무엇이 차이를 결정하는지 말해 보자.
12. 정보 과잉이란 무엇인가, 어떻게 이것을 피할 수 있는가?
13. 창의적 과정의 세 단계와 창의성을 저해하는 요인을 그림으로 그려서 설명해보자.
14. 의사결정의 두 가지 접근 방법인 중재적 의사결정과 탐구적 의사결정을 비교설명하고, 팀에서 바람직한 의사결정 접근은 무엇인지 왜 그런지 토의해보자.

참고문헌

최유현 (2005), 『기술교과교육학』, 형설출판사.

Bagulary, P.(2003), *Teams and Team-working*, Chicago, Ill: MaGraw-Hill.

Bennis, W. & Nanus, B.(1985), *Leaders: The Strategies for Taking Charge*, New York: Harper & Row.

Goetsch, D.(2004), *Effective Teamwork: Ten Steps for Technical Professions. Net Effect Series*, Columbus, Ohio, Pearson Prentice Hall.

Pokaras, S.(2002), *Working in Teams: A Team Member Guidebook*, Menlo Park, CA: Crisp Learning.

Rees, F.(1997), *Teamwork from start to finish: 10 steps to results*, An Imprint of Jossey-Bass Inc., Publishers.

Scolotes, P. P.(1996), *The Team Handbook*, Madison, WI: Joiner Association.

Smith, K. A.(2004), *Teamwork and Project Management*, Boston: McGraw-Hill – Higher Education.

Stewant G. L., Manz, C. C. & Sims, Jr. H. P.(1999), *Team Work and Group Dynamics*, New York: John Wily & Sons, INC.

Wellins, R. S., Byham, W. C. & Willson, J. M.(1991), *Empowered Teams: Creating self-directed work groups that improve quality, productivity, and participation*, San Francisco, CA: Jossy-Bass Inc.

West, M. A. & Markiewicz, L.(2004), *Building Team-Based Working: Practical Guide to Organizational Transforming*, BPS Blackwell.

4부

팀 프로젝트의 문제해결과 평가

1. 팀 프로젝트 문제해결
2. 문제해결 행동 유형과 팀워크
3. 팀 문제해결의 수행과 전략
4. 팀 프로젝트 모니터링과 평가

문제는 실제로 일어난 일과 일어나기를 희망하는 수준의 차이이다.

• Baguley, 2004.

프로젝트 관리는 일시적인 팀이 구체적인 목표를 달성하기 위한 인간적, 비인간적 자원의 조화이다.

• Cleland & Kerzner, 1985.

문제의 제기

4부에서는 팀에서 수행되는 프로젝트의 문제해결에 대하여 다루고, 그리고 개인의 문제해결 행동유형의 VIEW 검사에 대하여 알아보고, 그 과정에서의 문제해결과 관련된 기법, 프로젝트 모니터링과 평가, 보상에 대하여 탐구하고자 하며, 기본 학습 문제는 다음과 같다.

❶ 팀 프로젝트의 의미와 사이클에 따른 자원, 비용, 능력은 어떠한 함수관계를 갖는가?

❷ 팀 프로젝트가 왜 문제해결 접근으로 수행되는가? 그리고 창의적 프로젝트 팀의 특성은 무엇인가?

❸ 사람들은 그들의 문제해결을 하는 데 있어서 특징지을 수 있는 행동 유형이 있는가, 있다면 어떻게 유형화가 가능한가?

❹ 팀 문제해결에서의 문제의 개념과 문제해결 과정은 어떻게 제시될 수 있는가?

❺ 팀 문제해결 과정에서 전략적으로 필요한 문제 확인 기법, 확산적 사고 기법, 수렴적 사고 기법, 실행 기법들의 특징과 절차는 무엇인가?

❻ 팀 프로젝트의 모니터링은 어떻게 수행될 수 있는가?

❼ 팀 수행 과정과 결과에서의 평가와 보상 시스템은 어떻게 논의되고 실행되어야 하는가?

1 팀 프로젝트 문제해결

주요개념

■ 팀 프로젝트, 프로젝트 관리 모델, 프로젝트 라이프 사이클, 팀 문제해결, 창의적 문제해결 팀

1. 팀 프로젝트

팀에게 주어진 과제는 일종 프로젝트이다. 프로젝트 관리의 사전적 정의(Cleland & Kerzner, 1985)는 "구체적 목적을 성취하기 위하여 일시적인 조직 안에서 함께 반영된 인적 및 비인적 자원의 조화이다"로 되어 있다. 한편 스니드와 와이코프(Snead and Wycoff, 1997)는 프로젝트를 '목표를 향한 의도된 일련의 비절차적 과정'이라고 정의하였다. 따라서 프로젝트의 성공은 프로젝트를 효과적으로 마무리하는 능력에 의존하게 된다.

프로젝트 또는 프로젝트 관리의 쟁점들은 수많은 연구와 저서에서 논의되었다. 그 과정에서 프로젝트 관리는 기술과 조직의 환경에 따라 그 패러다임이 변화되어 왔다. 라우퍼(Laufer, 1996) 등은 프로젝트 관리 모델의 핵심개념의 진보를 다음과 같이 발표했다(in Smith, 2004).

[표 1-1] 프로젝트 관리 모델의 진보

핵심개념	모델의 강조 시기	지배적 프로젝트 특성	주요 신념	은유	수단
스케줄링 (통제)	1960년대	단순, 확실성	활동의 조정	항공 회사에서 지역비행 일정	정보기술, 계획 전문가
팀워크 (통합)	1970년대	복잡, 확실성	참여자의 협력	심포니오케스트라 지휘	조직, 정의, 역할의 과정
불확실성 감소 (융통성)	1980년대	복잡, 불확실성	안정적 결정	미지의 나라 탐색	선택적 정보의 탐색
임기응변 (역동성)	1990년대	복잡, 불확실성, 빠른 변화	다양한 요구의 조화	청중의 피드백 요구에 따른 서커스 프로그램의 방향 설정	경험, 책임, 적응력

이 표에 의하면 프로젝트는 보다 복잡해지고, 수행 시간의 단축과 즉흥적인 관리가 필요해졌다는 것을 알 수 있다. 이러한 성과 불확실성의 증가, 그리고 빠르게 변화하는 환경에서 팀의 프로젝트는 창의적 전략과 문제해결이 더욱 필요하게 되었다.

한편, 프로젝트는 탐색 프로젝트와 Exploiting 프로젝트를 구분하여 설명할 수 있다. Exploiting 프로젝트가 '옛것을 보다 낫게 하는' 것이라면, 탐색 프로젝트는 '새로운 일을 추구'하는 것으로 보고 있다.

[표 I-2] 전통적 방법의 Exploiting 프로젝트와 새로운 방법의 탐색

전통적 방법의 Exploiting: 일상적 작업을 조직	새로운 방법의 탐색: 혁신적인 작업을 조직
• 변이를 추구	• 변이를 강화
• 전통적 방법으로 전통적 일을 바라봄	• 새로운 방법으로 전통적 일을 바라봄
• 과거를 답습함	• 과거를 탈피함
• 목표: 지금 돈 버는 일	• 목표: 미래에 돈 버는 일

전통적으로 프로젝트 성공은 세 가지 기준, 즉 비용, 시간, 수행에 따라 측정되어 왔다. 그러나 최근에 와서 과연 이 세 가지 기준이 프로젝트의 성공의 요인으로 적용될 수 있는가 하는 의문이 제기되고 있다. 최근의 프로젝트는 '고객의 수용 가능성'이 매우 중요하게 다루어지고 있다. 특히 보잉 777과 관련된 프로젝트는 처음과 전 과정에서 '고객'이 중요한 요인으로 고려되었다.

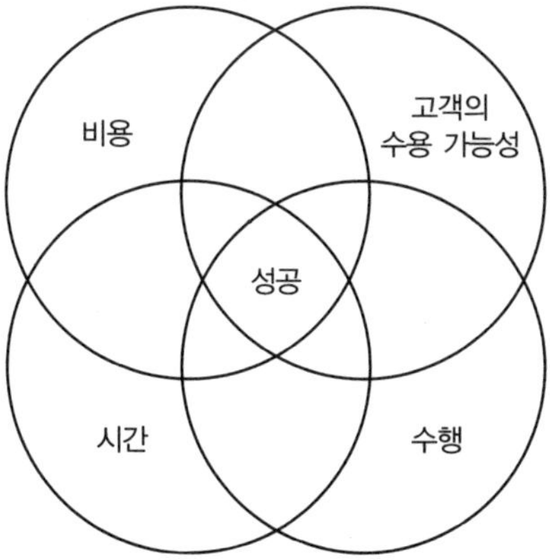

[그림 1-1] 프로젝트 성공의 네 가지 요인

특히 이러한 고객 요인은 다음 팀 프로젝트 문제해결 단계의 첫 단계인 '문제의 정의와 인식 단계'에서 고려하고 있다(Smith, 2004).

1. 프로젝트의 정의와 인식
2. 프로젝트 계획하기
3. 계획안 실행하기
4. 프로젝트 완성과 평가
5. 프로젝트 운영과 유지

이러한 단계에 따라 프로젝트 라이프 사이클을 그릴 수 있다. 프로젝트 단계에 따른 투입되는 자원과의 프로젝트 라이프 사이클은 [그림 1-2]에서 제시하였고, 단계에 따른 능력 요인, 비용 요인의 프로젝트 라이프 사이클은 [그림 1-3]에서 제시하였다. 그림의 결과를 종합하면, 프로젝트 라이프 사이클에 따라 자원은 계획 이후 급격히 증가하다가 완성 단계에서 현격하게 떨어짐을 알 수 있다. 또한 프로젝트 라이프 사이클 과정에 따라 프로젝트 질, 비용, 일정에 영향을 주는 능력은 사이클이 진행됨에 따라 감소하고, 프로젝트 질, 비용, 일정에 영향을 주는 비용은 사이클이 진행됨에 따라 증가함을 알 수 있다.

실제로 많은 팀에서 공학적 관점에 맞는지를 무시한 채 '앞으로 전진'에만 몰두하여 주의 깊게 초기의 계획을 살피는 과정을 경시하는 경향이 있다.

프로젝트는 전형적으로 고객의 요구가 반영된 작업 명세서(SOW:

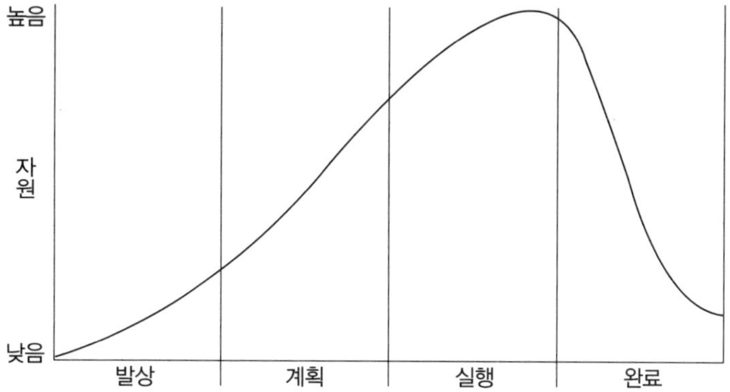

[그림 1-2] 프로젝트 라이프 사이클에 따른 투입되는 자원

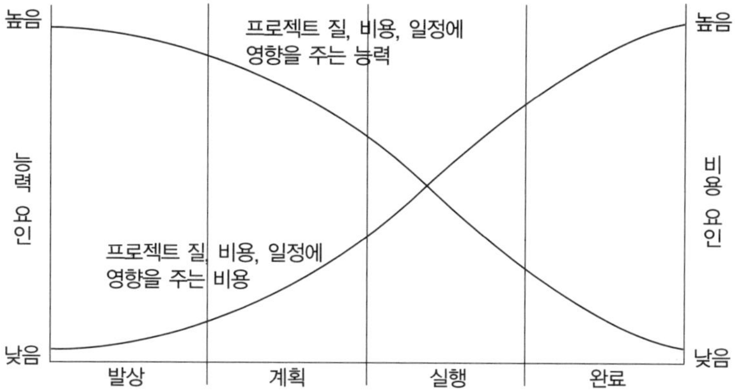

[그림 1-3] 프로젝트 라이프 사이클에 따른 능력 요인, 비용 요인

Statement Of Work)로부터 시작한다. SOW는 프로젝트를 수행하는 데 매우 협소한 진술이다(공학교육에서 SOW는 교수로부터 주어진다).

SOW와 함께 프로젝트 계획은 시작된다. 이 과정은 매우 구체적이며, 그 예는 만텔 등이 제시한 것을 참고할 필요가 있다(in Smith, 2004).

- 프로젝트 개요: 개요 기술, 기대 이익과 경쟁사 이익, 상부 관리자의 의도
- 프로젝트 목표: 구체적 목표, 프로젝트 임무 진술
- 일반적 접근: 기술적, 관리적 접근 방법, 다른 프로젝트와의 관계
- 계약 상황: 고객과의 약속, 보고서 요구조건, 기술적 설명, 프로젝트 검토 데이터.
- 일정: 모든 일정의 기한의 진술
- 자원 활용: 평가된 프로젝트 비용, 간접 경비, 직접 경비
- 인적 자원: 특별 기술 요건, 요구되는 훈련, 법적 요구 조건
- 평가 방법: 평가 절차와 기준, 프로젝트 수행 정보의 모니터링, 보관
- 잠재적 문제: 잠재 문제의 나

2. 팀 프로젝트와 문제해결

팀워크는 각 단계에서 창의적인 문제를 해결하는 데 아주 유용하고, 특히 아이디어 발상보다 더욱 그렇다. 비록 브레인스토밍은 혼자서 할 수도 있지만, 가장 좋은 결과를 얻기 위해서는 팀의 활동으로 해야 한다.

모든 개인에게 창의성이 있고, 정신적 장벽을 극복함으로써 창의성을 더욱 개발시킬 수 있다. 그러나 팀을 통하여 종합적, 분석적 관점에서 창의력이 발휘되고 개발된다면 더 나은 팀 프로젝트를 수행할

수 있을 것이다.

레오나르도 다빈치는 높은 창의성은 물론, 화가, 공학자, 의학자로서 뛰어난 사람이었다. 엘리 휘트니가 조면기를 발명하고, 알렉산더 그레이엄 벨이 전화를 발명하고, 조나스 솔크가 척수성 소아마비의 백신을 발명했다는 사실을 잘 알고 있다. 하지만, 보잉 747 비행기의 발명가는 왜 거론되지 않고 있는가? 그 이유 중 하나는 바로, 보잉 747은 공학자들의 팀에 의해 개발되었기 때문이다. 또한, 발명 특허의 90퍼센트 이상이 완전히 새로운 제품(발명)에 대한 것이 아니라, 현재의 특허 개발 혁신을 위한 것이기 때문이다. 대부분의 공학기술과 관련된 발명가는 혼자서 작업하지 않는다. 그들은 다른 사람들의 아이디어와 함께한다. 조면기의 발명이 그 한 예이다. 조면기의 첫 아이디어는 휘트니의 이 개발 프로젝트를 재정적으로 지원해준 캐서린 리틀필드 그린으로부터 나온 것이다. 또한 그녀는 그 시제품을 향상시켰고, 그 특허에 대한 로열티를 나누었다.

오늘날의 지식 폭발과 기술로 볼 때, 한 개인이 하나의 문제와 연결되어 있는 정보와 자료를 모두 아는 것은 더 이상 불가능하다. 즉, 문제해결을 위해서는 팀의 역할이 필요하다는 것이다. 각 개인은 환경과 경험이 다르기 때문에 다른 아이디어와 특정적인 과제와 문제에 대해 생각하는 경향뿐만 아니라 배경 지식도 다르다.

다음 〔그림 1-4〕은 개인의 아이디어와 배경(A+D, B, C)의 문제해결과 그 아이디어와 배경이 팀이란 체제에서 문제를 해결할 때의 결과(가장 오른쪽 그림)를 비교해주고 있다. 세 사람이 함께 작업할 때, 팀 W는 아주 큰 배경을 지니게 된다. 왜냐하면 팀은 가용할 수 있는 더

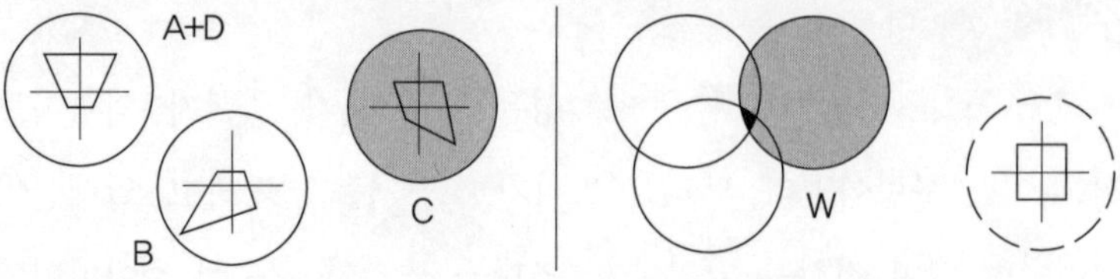

[그림 1-4] 개인과 팀의 문제해결 비교

욱 확장된 배경을 갖고, 그 가능성은 새롭게 증가되며, 아디이어의 창의적인 결합이 발생하기 때문이다. 이는 한 사람에 의해 만들어진 아이디어와 제의가 다른 팀 구성원의 상상력을 자극할 수 있기 때문이다. 또한, 그들은 더욱 좋은 판단에 이르기 위한 자신들의 사고방식을 보충하게 된다.

이와 같은 이유로 팀이 창의적인 문제해결 절차를 사용하게 되면 다음과 같은 이점을 갖게 된다.

1. 팀의 더욱 많은 정보와 지식은 문제를 해결하는 데 많은 도움이 된다. 다른 경험과 사고의 기술을 가지고 있는 사람들은 더 많은 정보와 지식을 집단으로부터 얻을 수 있다. 이 결과는 외부의 전문가를 고용하는 것 이상의 비용 효과를 볼 수 있다.
2. 탐구생들은 다른 사람들과 서로 보완적인 활동이 가능하다. 아이디어는 더욱 창의적이고 더욱 좋은 해결책을 제시하는 발판으로 사용된다. 이 절차를 실행할 때, 생산성은 증가하며 우리는 부분의 합보다 더 큰 전체라는 경험을 갖게 된다.
3. 특정의 문제에 대해 최선의 해결 방법이 있다면, 팀은 이를 찾아낼 수 있는 훌륭한 기회가 될 것이다. 팀은 동일한 기회와 더 큰

위험 부담에 있어서 좀 더 유리하다. 따라서 혁신적인 기회를 증대시킬 수 있는 것이다.

4. 문제해결과 의사결정 과정에 참여하는 사람들은 일반적으로, 개인 또는 권위적인 방식에 의해 강요된 해결책을 수용하는 것보다, 그 해결책을 수용함에 있어서 더욱 적극적이다.
5. 팀의 구성원들은 서로에게 배우며, 리더십의 기술을 개발할 수 있는 고무적인 환경을 제공한다.

반면, 문제해결에서 팀을 활용할 때의 단점도 있다.

1. 문제해결에서뿐만 아니라, 팀의 개발을 위해서는 더 많은 노력의 투자와 전체 구성원이 투자해야 하는 시간이 필요하다.
2. 일반적으로, 팀의 작업은 능률이 낮다. 많은 아이디어들이 산출될 수는 있지만, 이 아이디어들 중 불과 몇 개만이 유용하고 좋은 해결책이 될 수 있다.
3. 집단이나 팀을 구성하는 사람들은 다른 사람들과 갈등을 일으킬 수도 있다. 여기에서 혼란과 갈등이 생길 때, 팀으로부터 도출되는 창의적인 아이디어는 부정적인 감정으로 인해서 오히려 감소될 수 있다.
4. 팀은 팀 사고가 아닌 '군중 심리(집단사고)'로 인해 위태로울 수 있다. 이러한 현상이 생기게 되면, 집단은 극단적인 조화와 압력을 느낀다. 즉, 독립적인 아디이어들이 허용되기보다는 책임자 혹은 소수의 영향력 있는 사람들에게 압박받을 수 있다.

이러한 팀 문제해결의 부정적 측면은 팀 문제해결을 회피하는 수단이 아니라 팀 문제해결시에 고려하거나 유의해야 할 사항으로 받아들여야 할 것이다. 팀의 능률은 팀워크 개발 기술, 창의적인 사고력 훈련, 그리고 적합한 관리에 의해 향상될 수 있으므로 이러한 측면에서 준비가 필요하다.

우리가 문제해결을 위한 팀을 구성할 때, 살펴보아야 하는 개인적 특성은 무엇인가? 〔표 1-3〕은 몇 가지 목록을 보여준다. 팀의 모든 구성원이 모두 같은 특성을 갖지는 않을 것이다. 보다 다양한 특성을 가진 구성원이 많을수록 팀 성공도를 더 높일 수 있을 것이다.

[표 1-3] 창의적 문제해결 팀의 개인적 특성

• 지능 • 문제 영역 또는 관련 분야에 대한 전문지식 • 분석적, 논리적 사고력 • 독립적인 판단 능력 • 테스트에 대한 적극적인 자세 • 자신감 • 자아 존중감 • 전념 • 낙관주의 • 열정 • 언어의 유창성 • 자기 수양 • 인내력 • 집중	• 새로운 아이디어에 대한 개방성 • 독창성 • 유연성 • 아이디어 조작 분석 노력 • 호기심 • 상상력 • 유머 • 위험을 감수할 수 있는 능력 • 확산적 사고기술 • 깔끔한 마무리 능력 • 전체적인 조망 능력 • 추진력 • 직관

그러나 현실적으로 이러한 특성을 이상적으로 모두 소유하는 팀의 구성은 불가능하다. 따라서 팀의 구성원들은 원활한 의사소통, 청취 태도, 질문 태도, 다른 사람으로부터 배우고자 하는 태도, 타인에 대한 배려와 예의, 인내와 겸손한 정신, 서로를 돕고 헌신적이며 아이디어를 공유할 수 있는 태도와 더불어 창의적인 문제해결을 위한 훈련을 필요로 한다. 연구에 의하면, 12명 정도의 사람들이 함께 모여서 효율적이고, 생산적이며, 원활한 기능을 수행하는 팀이 되기 위해서는 2년 정도의 긴 실제 경험과 훈련 시간이 필요하다고 한다.

2 문제해결 행동 유형과 팀워크

주요개념

■ 문제해결 행동 유형, VIEW 검사

1 창의적 문제해결 행동 유형의 개요*

창의적인 문제해결을 위해서는 두 가지 측면에서 학습이 진행될 수 있다. 하나는 '창의력의 수준/능력'을 개발하는 것이고, 다른 하나는 자신, 팀, 조직이 가지고 있는 창의와 혁신의 '일 처리 스타일'을 확인하고 그것을 최대로 활용하는 것이다.

이와 같이 창의적이고 혁신적인 사람에 대해서도 두 가지 측면에서 설명할 수 있다. 창의력의 수준을 말하는 "얼마만큼 창의적인가?"와 창의력의 유형을 말하는 "어떻게 창의적인가?"이다.

(창의력의) 수준 – 나는 얼마만큼 창의적인가? ↕

(창의력의) 유형 – 나는 어떻게 창의적인가? ↔

[그림 2-1] 창의력의 수준과 유형(김영채, 2006)

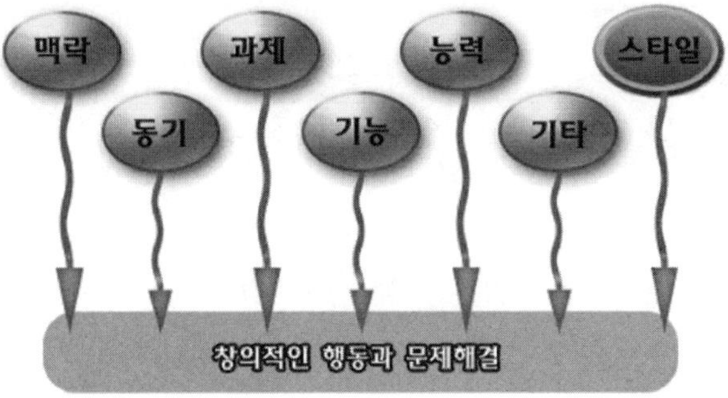

[그림 2-2] 창의적 행동과 문제해결에 작용하는 요인들(http://www.fpsp.or.kr/)

오스본(Osborn)의 창의적 문제해결(Creative Problem Solving: CPS)을 셀비, 트레핑거, 이사크센 박사(Center for Creative Learning, USA)는 3개의 차원으로 분류하여 6개의 행동 유형으로 구분하였다.

이러한 창의적 문제해결 행동 유형은 개인, 팀워크, 및 조직 프로젝트의 효율성과 생산성을 크게 결정한다. 창의적 문제해결 행동 유형이란 도전적인 문제를 해결하거나 새로운 변화에 접근할 때 당신이 보다 더 좋아하는 접근 방식을 말한다. 개인들은 문제를 정의하고, 아이디어를 생성하고 그리고 의사결정하는 방식이 서로가 많이 다를 수 있다. 행동 스타일의 개인차는 개인뿐만 아니라 팀워크나 조직 프로젝트의 효율성과 생산성을 결정하는 중요한 변수이다.

이 장에서는 "어떻게 창의적인가"에 대한 대답인 창의력의 유형, 즉 창의적 문제해결 스타일에 대해 살펴보고자 한다. 이 장의 학습 내용을 통하여, 자신의 창의적 문제해결 스타일을 알고 그러한 스타일

---

* 이 부분은 김기수 · 이창훈(2005), 『창의공학설계』의 내용을 다시 정리한 것임.

이 왜 중요한지를 이해하며, 변화에 대처하고 문제를 해결할 때 사람들이 서로 다를 수 있는 3가지의 주요 영역과 각 스타일 차원별로 서로 대조되는 두 개의 행동 스타일을 확인할 수 있다. 또 이 장의 내용은 당신이 더 선호하는 창의적 문제해결 스타일을 알고 해석하게 하며, 당신이 창의적인 노력을 할 때 문제해결 스타일이 어떤 의미를 가지는지를 생각해보게 하며, 그리고 사람들 간의 스타일 개인차를 존중하고, 나아가 최대로 생산적인 팀과 조직을 만드는 데 그것을 활용할 수 있게 한다.

2. 창의적 문제해결 행동 유형

사람은 '변화'가 요구되거나 '창의적인 아이디어'가 필요한 상황에서 자신이 선호하거나 자연스러워하는 일 처리의 스타일을 지니고 있다. 일 처리의 과정에는 다음과 같은 3개의 과정 요소가 포함될 수 있다.

첫째, 문제를 발견/확인하는 단계로서, 문제, 과제, 프로젝트, 이슈를 찾아낸다.

둘째, 문제해결을 위한 아이디어의 생성 단계로서, 문제해결을 위한 아이디어를 생성해낸다.

셋째, 문제해결에 대한 행위 계획을 개발하는 단계로서, 아이디어를 해결책으로 개발하고 실천계획을 세운다.

셀비, 트레핑거, 이사크센은 위의 과정에서 일어나는 창의적 문제해결 행동 유형을 3개의 차원으로 구분하여 6개의 스타일로 구분하였다. 3개의 차원으로는 변화에 대한 지향(OC), 일 처리의 방식(MP), 의사결정의 중심(WD)이며, 6개의 행동 유형은 혁신 스타일, 개량 스타일, 외적 처리 스타일, 내적 처리 스타일, 사람 중심 스타일, 과제 중심 스타일이다.

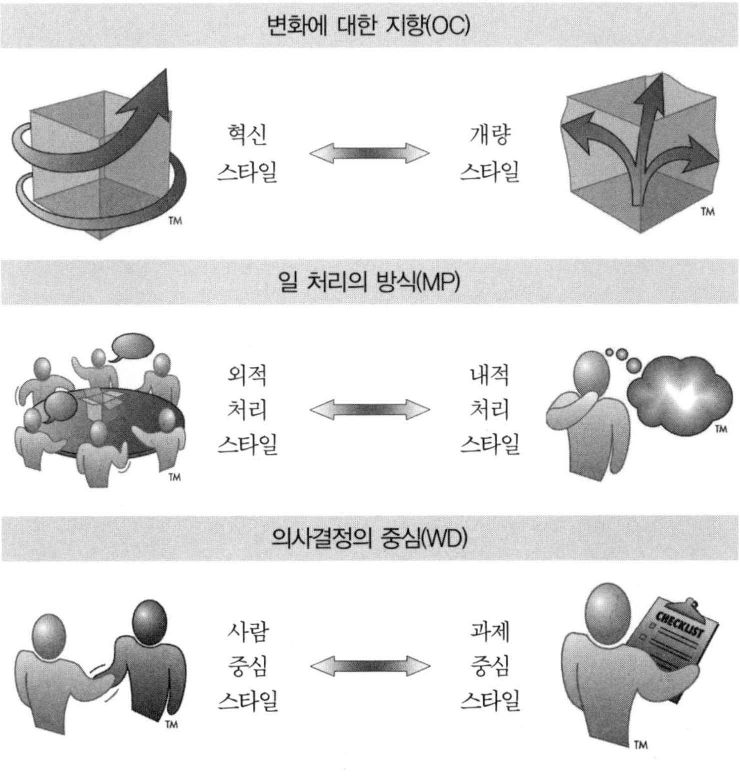

[그림 2-3] 창의적 문제해결 행동 유형(http://www.fpsp.or.kr/)

1) 혁신 스타일과 개량 스타일

이 스타일은 '변화에 대한 지향(OC)'의 차원에서 구분된 것으로 문제를 해결해가거나 변화에 대처할 때 어떤 방식을 더 선호하는지를 나타낸다.

다음과 같은 질문에 대해 생각해봄으로써 자신이 변화에 대한 지향이 혁신 스타일인지 개량 스타일인지를 구분할 수 있다.

- 나는 권위, 질서 및 규범을 어떻게 다루기를 더 좋아하는가?
- 나는 제도, 조직 및 구조에 대하여 어떤 기분으로 반응하는가?
- 나는 새로운 도전이나 변화에 대하여 어떻게 반응하기를 선호하는가?

이 차원은 당신이 문제해결을 하거나 변화에 대처할 때에 '구조, 권위 및 새로운 것'에 어떻게 반응하고 접근하기를 더 좋아하는지를 다루는 것이다. 여기에는 '혁신 스타일(E, Explorer)'과 '개량 스타일(D, Developer)'의 두 가지 대조적인 스타일이 있다.

혁신 스타일은 선구자적인 방향으로 탐색하기를 선호하고 세부사항, 질서와 효율성 같은 데는 별로 관심이 없다. 그리고 현실의 실제적인 한계를 뛰어넘는 많은 새로운 아이디어를 생성해내기를 좋아하고 대안의 생성이 자유분방하며 남들이 수용하거나 사용하기 어려운 도전적이고 독창적인 아이디어를 생각해낸다.

반면에 개량 스타일은 아이디어를 수렴하고 정리하는 활동에 강하고 현실의 문제를 해결해나갈 때에 자세하고 체계적인 접근을 더 좋아한다. 실제 장면에서 실현 가능한 몇 가지의 해결책을 찾으려고 애쓰며 그리고 남들이 쉽게 수용할 수 있고 실천하기 쉬운 대안을 더 선호한다.

[표 2-1] 혁신 스타일과 개량 스타일의 특징 및 강점과 약점(김영채, 2006을 재구성)

구분	혁신 스타일	개량 스타일
특징	• 일을 색다르게 하려고 함 • 구조(조직)는 자신을 위축/구속시키는 것으로 여김 • 주어져 있는 문제의 정의에 도전 • 권위에 도전하고, 규칙을 가볍게 생각 • 예리하고 자유분방한 사람으로 보임 • 독창적이고 독특한 것을 강조	• 일을 '더 낫게' 하려고 애씀 • 조직이 가지고 있는 장점과 잠재력을 찾아냄 • 주어져 있는 데로 문제의 정의를 수용 • 주어져 있는 규칙 속에서 일함 • 더 낫게 개선하는 것과 유용성을 강조 • 정확하고, 철저하고, 믿을 수 있는 사람으로 보임
강점	• 하던 대로의 전통에서 벗어날 수 있게 함 • 획기적인 대안을 생각해보게 함 • 예상하지 못했던 접근이나 새로운 방식을 제시 • '큰 그림'을 그리며 남들이 그것을 이해토록 함 • '왜'라는 질문을 자주 함 • 새롭고 신선한 기회를 가질 수 있게 함	• 안정, 질서 및 연속성을 가질 수 있게 함 • 이해하고 실천하기 쉬운 대안을 생성 • 단계적인 접근을 취함으로써 하는 일을 이해하고, 실천하고, 그리고 협력하기 쉽도록 함 • 대안과 계획이 정확, 엄밀 및 철저함을 가지게 함 • '어떻게'라는 질문을 자주 함 • 위험부담이 큰 것에 대해서도 안전기반을 가질 수 있게 함

약점 (한계)	• 개량 스타일의 눈에는 건전하지 못하고, 비현실적이고, 말썽꾼으로 보임 • 현실을 인식하고 그것을 제대로 다루지 못함 • 세부적인 내용을 살펴보고 작업하도록 시도할 필요가 있음 • 권위와 전통이 가지고 있는 가치를 제대로 고려하지도 않고 거기에 도전 • 사용할 수 있을 것 같지도 아니한 대안을 너무 많이 생산해내서 사람들을 압도할 수 있음	• 혁신 스타일의 눈에는 고지식하고, 겁이 많고, 경직되어 있고, 융통성이 없는 것으로 보임 • 바라는 미래를 내다보고 그것을 고려하기가 어려움 • 현실을 넘어서서 가치 있는 아이디어를 찾는 시도를 할 필요가 있음 • 구조, 권위 및 규칙은 어디까지나 방법인데도 그것을 목적으로 생각하기가 쉬움 • 별로 새롭지도 않고 해오던 것과 크게 다른 것 같지 않은 대안을 생산하는 데 집중함

2) 외적처리 스타일과 내적처리 스타일

이 스타일은 '일 처리의 방식(MP)'의 차원에서 구분된 것으로 문제를 해결하거나 변화에 대처할 때 어떤 방식을 선호하는가를 나타낸다.

다음과 같은 질문에 대해 생각해봄으로써 자신이 일 처리의 방식이 외적 처리 스타일인지 내적 처리 스타일인지를 구분할 수 있다.

- 나는 정보를 어떻게 관리하기를 더 좋아하는가?
- 나는 언제 내 생각을 남들에게 이야기하는가?
- 나는 남들과 토론하고 상호작용하기를 원하는가?

이 차원은 자신이나 남들의 내적인 에너지, 인적자원 및 환경을 언제, 어떻게 사용하기를 더 좋아하는가를 다룬다. 아울러 변화에 대처하거나 문제를 해결할 때 정보를 어떤 방식으로 처리하기를 좋아하는지를 보여준다. 당신은 '외적 처리 스타일(E, External)'을 더 좋아할 수도 있고, 반대로 '내적 처리 스타일(I, Internal)'을 더 좋아할 수도 있다.

외적 처리 스타일은 다른 사람들과 상호작용하면서, 가능성을 토론하고, 다른 사람의 생각을 들으면서 자신의 생각을 다듬어가는 것을 좋아한다. 그리고 아이디어를 곧바로 행위로 옮기고 싶어 한다.

반면에 내적 처리 스타일은 조용히 생각하는 시간을 즐기고 아이디어를 면밀하게 검토해본 다음에 비로소 남에게 이야기하거나 행위하고 싶어 한다.

[표 2-2] 외적 처리 스타일과 내적 처리 스타일의 특징 및 강점과 약점(김영채, 2006을 재구성)

구분	외적 처리 스타일	내적 처리 스타일
특징	• 여러 가지의 과제와 토론에 관여 • 남들과 상호작용하면 생기를 느낌 • 다양한 사람들과 자유롭게 대안을 이야기 • 종결하기 전에 사람들의 다양한 의견을 들으려고 애씀 • 때로는 깊이 생각하지도 않고 서둘러 행동	• 조용한 시간을 가지고 집중하는 것을 좋아함 • 깊이 생각하고 반성할 때 생기를 느낌 • 대안을 철저하게 생각해본 다음에 남들에게 이야기 • 신뢰할 수 있는 사람에게만 대안을 이야기 • 행위하기 전에 생각하며, 때로는 생각만 하고 행위는 하지 않을 수도 있음

강점	• 외부 집단 등의 맥락을 살펴보고 거기에서 다양한 견해와 정보를 찾음 • 일이 굴러갈 수 있도록 사회적인 접촉을 함 • 빠르게 행위하고 반응 • 남들과 같이 일하는 것을 즐김 • 남들에게 먼저 접촉을 시작 • 내적 스타일 사람의 말문을 열도록 하는 데 도움	• 집단이 집중하고 있는 과제를 깊게 들여다봄 • 남에게 이야기하기 전에 새로운 아이디어를 다듬고 완성 • 깊이 생각하고 숙고 • 혼자 또는 신뢰하는 소수의 사람과 같이 일하는 것을 즐김 • 외적인 압력에서 벗어나려고 애씀 • 외적 스타일 사람이 자세한 내용을 경청토록 하는 데 도움
약점(한계)	• 내적 처리자의 눈에는 '익지도 않은 빵'을 너무 서둘러 나누려는 사람으로 보임 • 행위하기 전에 숙고하는 것이 어려움 • 남들의 아이디어나 의견을 조심스럽게 경청해볼 필요가 있음 • 주위에서 돌아가고 있는 일에 몰두하여 과제 내적으로 중요한 것을 잊어버리기 쉬움	• 외적 처리자의 눈에는 속내를 잘 들어내지 않고, 비사교적이고, 차갑고 냉담한 사람으로 보임 • 깊게 생각할 수 있는 시간을 넉넉히 가지기 전에는 행위하기가 어려움 • '마무리 되지 않은' 아이디어나 생각이라도 남들과 나누어볼 필요가 있음 • 과제나 내부에서 벌어지고 있는 일에 몰두하여 주변에서 돌아가고 있는 것을 간과해버리기 쉬움

3) 사람 중심 스타일과 과제 중심 스타일

이 스타일은 '의사결정의 중심(WD)'의 차원에서 구분된 것으로 생각을 집중하여 어떤 결정을 내리거나 행동하려 할 때 어떤 부분을 강조하는지를 나타낸다.

다음과 같은 질문에 대해 생각해봄으로써 자신이 의사결정에서 사람 중심 스타일인지 과제 중심 스타일인지를 구분할 수 있다.

- 나는 판단하거나 의사결정할 때 어떤 요인들을 우선하여 고려하는가?
- 나는 일차적으로 중요시하는 것이 '과제'인가? '사람'인가?

이 차원은 문제해결을 위하여 의사결정/판단을 하거나 생각을 수렴할 때 처리해야 하는 과제와 인간적 요구 가운데 어떤 것을 일차적으로 강조하는지를 나타낸다. 의사결정할 때에 당신이 선호하여 강조하는 것은 '사람 중심 스타일(P, Person)' 아니면 '과제 중심 스타일(T, Task)'이다.

사람 중심 스타일은 대안을 선택하거나 의사결정을 할 때에 다른 사람들이 느낄 수 있는 반응과 인간관계에 미치는 영향에 가장 큰 무게를 둔다.

반면에 과제 중심 스타일은 논리적이고, 객관적으로 정당화할 수 있는 기준과 질적 수준을 강조하며 의사결정에서 따라올 성과에 가장 큰 무게를 둔다.

[표 2-3] 사람 중심 스타일과 과제 중심 스타일의 특징 및 강점과 약점(김영채, 2006을 재구성)

구분	사람 중심 스타일	과제 중심 스타일
특징	• 조화와 긍정적인 인간관계를 중요시 • 인간적이고, 감정에 민감 • 보다 주관적인 준거(기준)를 사용 • 결정이 개인들에게 미칠 수 있는 효과나 반응을 고려 • 대안이 어떤 점에서 좋고, 매력적이고 또는 즐거운 것인지를 찾아냄 • 관여하고 있는 모든 사람들이 수용할 수 있는 대안이나 결정을 찾으려고 애씀 • 성과나 결과의 질보다는 사람들이 느끼는 감정을 더 강조	• 논리적이고 합리적인 것에 초점을 둠 • 권위적이고, 확인 가능하고, 보다 객관적인 준거(기준)를 사용 • 표준, 엄정, 또는 질적인 수준을 강조 • 대안에서 무엇이 잘못이며, 무엇이 부족하며 또는 필요한 것은 무엇인지를 발견 • 최선의 해결책 또는 성과를 추구 • 사람들이 느끼는 감정보다도 성과와 결과의 질적 수준을 더 강조
강점	• 관련되어 있는 사람들의 요구에 집단이 민감토록 함 • 의사결정이 사람들의 감정과 정서에 미치는 효과를 이해하도록 도와줌 • 결정을 내리기에 앞서 사람들이 편안한 감정을 가지도록 노력 • 집단의 갈등과 긴장 관계를 완화시켜 줌 • 의사결정할 때 보다 주관적이고, 부드러운 준거를 강조 • 새로운 사고를 보다 긍정적으로 고려하는 것같이 보이며, 긍정적인 피드백을 잘함	• 집단이 합리적이고 분명한 사고를 하도록 함 • 의사결정이 미칠 의미와 성과를 논리적이고 합리적으로 이해하도록 도와줌 • 해야 할 과제를 성취할 수 있도록 집단을 이끌어 감 • 꺼내기 어려운 이슈라도 공개적으로 제기 • 의사결정을 할 때 보다 객관적이고, 엄밀한 준거를 강조 • 새로운 사고에서 개선해야 할 필요가 있는 영역에 집중토록 하며, 주로 단점(약점)을 피드백

약점 (한계)	• 자신의(그리고 남들의) 개인적인 선호도가 선택에 영향을 미침 • 사람에 너무 집중해서, 결과를 성취코자 하는 요구를 무시해버릴 수 있음 • 새로운 아이디어가 가지고 있는 부정적인 측면을 살펴보거나, 그것을 같이 걱정하는 일을 회피 • 자기 자신과 과제를 분리할 줄 모르는 사람으로 비칠 수 있음	• 사람에 무관심하거나 사람들이 느끼는 감정에 둔감한 것같이 보임 • 과제의 결과에 너무 집착해서, 사람과 과정의 이슈를 무시해버릴 수 있음 • 새로운 아이디어를 낸 사람의 의욕을 꺾어버릴 정도로 비판적인 분석을 함 • 결정에 대한 인간적인 배려가 부족해서 남들이 자신의 열성을 몰라 볼 수 있음

3. VIEW 스타일 검사

'VIEW 스타일 검사'는 창의적 문제해결 행동 유형을 진단하기 위한 도구로서, 오스본의 CPS를 대표하는 Center for Creative Learning(USA)의 셀비, 트레핑거, 이사크센 박사가 개발하였다. 2002년에 영어판으로 첫 출판되었으며, 현재는 영어판 이외에도 불어판, 네덜란드판, 중국판, 한국어판 등이 보급되어 있고, 일본판, 홍콩판, 대만판 및 인도판 등이 개발 중이다.

이 도구는 사내 연수, 팀 빌딩 및 팀 선발 등의 목적으로 IBM, 마이크로소프트, 모토로라, 3M 등 미주와 유럽의 수많은 기업 및 정부조직 등에서 광범위하게 활용되고 있다.

VIEW의 목적은 일을 처리하고 문제를 해결하는 스타일을 진단하고, 자신의 창의적인 강점과 약점을 확인하고 이해하며 동시에 남들의 스타일을 존중하며, 새로운 창의와 혁신을 다룰 때 스타일의 시너지 효과를 최대화하는 것이다.

도전적인 문제를 해결하거나 변화에 대처할 때 당신이 선호하는 행동 스타일을 3개 차원에 따라 진단하는 VIEW 검사의 결과는 개인적으로뿐만 아니라 팀/조직의 효율성과 생산성 향상을 위한 필수적인 정보로 활용할 수 있다. 문제해결의 스타일이 다르면 문제해결을 위한 '과정'이 다를 수 있으며, 또한 생산해내는 '결과'나 효과적으로 일할 수 있는 '환경'이 다를 수 있기 때문이다.

VIEW 검사 결과를 개인적으로 활용하면, 자신이 좋아하여 자연스럽게 사용하고 있는 문제해결 스타일을 자각하고 해석할 수 있으며, 자신이 가지고 있는 창의적 강점을 활용하고 어떻게 하면 약점을 보완할 수 있는지를 알 수 있으며, 그리고 다른 사람들의 행동 스타일을 존중할 줄 알고 아울러 협동의 방식을 배우게 된다. 또한, 당신이 소속한 팀/조직에 활용하면, 팀/조직 성원들이 서로의 개인차와 다양성을 이해하고 존중하게 되고, 모든 팀/조직 성원들이 팀/조직의 과제에 적절하게 공헌할 수 있으며, 팀/조직의 강점은 물론이고, '맹점'이 무엇인지를 확인할 수 있고, 팀 빌딩(team building)에 유용한 정보를 제공해주고 나아가 창의력 발휘에 적합한 체제나 구조를 설계할 수 있으며, 효과적인 문제해결 전략을 수립하거나 혁신 경영을 뒷받침할 수 있는 훈련을 의도적으로 계획할 수 있으며, 그리고 인적자원을 융통성 있게 그리고 효과적으로 사용하는 데 활용할 수 있다.

VIEW 검사는 창의력의 '수준'을 측정하는 것이 아니라 창의력의 '스타일'을 측정한다. VIEW 검사는 '나는 어떻게 창의적인가?'라는 물음에 대답한다. "사람들은 다르다"란 말은 새로운 것도 아니고 뉴스감도 아니다. 그러나 우리는 개인차의 진리를 멈추어 생각해보는 일이 별로 없다. 창의적 사고를 요구하는 과제/프로젝트일수록, 특히 팀워크나 조직 프로젝트에서는, 문제해결 스타일의 개인차를 활용하는 것은 매우 중요할 수밖에 없다. 창의력의 '수준'이 비슷해도 '스타일'이 다르면 문제해결은 아주 다른 모습일 수 있다.

VIEW 검사는 매우 간단하고 실제적이며 사용하기 쉽게 구성되어 있다. 이 검사에는 34개의 문항이 있으며, 각 문항은 대조적인 스타일을 표현하는 두 개의 진술로 이루어져 있다. 더 좋아하는 접근 방식, 즉 스타일이란 당신이 문제를 해결할 때 일반적으로 취하고 있는 생각과 일처리의 방식을 말한다. 그것은 아마도 당신에게 가장 편안하고 자연스러운 행동방식일 것이다. 문제해결 스타일의 측정은 3개 차원으로 이루어져 있고 각기의 차원은 다시 대조적인 두 개의 스타일로 구성되어 있다. 또한, VIEW 검사 결과에는 각 차원에서의 혁신, 개량, 외적처리, 내적처리, 사람 중심, 과제 중심 스타일 외에 '온건한 스타일'이란 것이 있다. 온건한(약한) 스타일이란 각 차원에서 평균 점수를 중심으로 좌우로 약 64%에 해당하는 것이다. 이런 범위에 속하는 사람은 대조적인 스타일들을 비교적 쉽게 이해한다. 그러나 과제나 사회적 역할에 따라 실제 행동이 달라질 수 있으며 그래서 실제의 행동은 반드시 '중립적인' 것이 아닐 수 있다.

VIEW 검사는 온라인으로만 실시하며 한국에서 이 검사의 판권은 김영채 교수(계명대학교, 창의력 한국 FPSP)가 가지고 있다. VIEW 검사의 실시와 해석에 관해서는 인터넷 사이트 http://www.fpsp.or.kr/(창의력 한국 FPSP)와 http://viewstyle.net/(VIEW 검사 사이트)를 참고하기 바란다.

3 팀 문제해결의 수행과 전략

주요개념

■ 팀 문제해결, 문제, 문제해결 과정, 발생형 문제, 탐색형 문제, 설정형 문제, 문제확인 기법, 확산적 사고 기법, 수렴적 사고 기법, 문제실행 기법

팀 프로젝트 문제해결은 대체로 다음과 같은 일반적 절차를 제시할 수 있다.

1. 팀 프로젝트 문제를 확인하고 정의하기: 문제확인 및 분석 기법
2. 해결책 창안하기: 확산적 사고 기법
3. 최적의 해결책을 위한 아이디어 평가하기: 수렴적 사고 기법
4. 최적의 대안에 기초한 구체적 계획을 세우기
5. 계획안대로 실행하기
6. 프로젝트 과정과 결과의 평가
7. 프로젝트의 적용

여기에서는 팀 프로젝트 문제해결의 실제적 차원에서 수행 과정에 따른 전략과 기법을 중심으로 살펴보고자 한다.

TEAMWORK TIP	문제-위기와 기회 危機 한자로 위기는 위험과 기회의 두 단어로 이루어져 있다.

대부분의 문제는 정도의 차이는 있지만 위험과 기회의 두 얼굴을 가지고 있다. 우리는 대부분 위험한 상황에 놓이게 되면 위험이라는 측면은 쉽게 발견하지만, 기회라는 측면은 놓쳐버리기 쉽다. 하지만, 위기가 닥쳤을 때 우리는 지속적인 노력을 통해서 새로운 혁신으로 기회를 포착할 수 있다. 이와 마찬가지로 문제를 다룰 때도 상반되는 면, 전혀 다른 면에 대한 마음가짐을 잊지 말아야 한다.

1. 문제와 문제해결 과정

외국의 격언 중에 '무엇이 문제인지 알 수만 있다면 문제의 절반은 해결된 것과 같다'라는 말이 있다. 그만큼 문제를 발견하는 것이 쉬운 일이 아님을 알 수 있다(사토 인이치, 이봉노 옮김, 2005).

문제는 눈에 보이는 문제와 눈에 보이지 않는 문제가 있다. 누구에게나 확실하게 보이는 현상이 있는가 하면, 어떤 사람에게는 문제로 보여도 다른 사람에게는 그렇지 않은 경우도 있기 마련이다. 예컨대 공사 현장에서 인부가 떨어져 사고를 당했다고 하자. 사고가 난 것은 보이는 문제이다. 그렇다면 보이지 않은 문제는 무엇일까? 사고원인을 따져보자. 인부는 왜 공사 현장에서 떨어졌을까? 인부의 부주의 때문일까? 구조물이 무너져 내렸는가? 구조물이 왜 무너져 내렸는가? 일하는 사람은 안전장치를 제대로 확보하였는가? 이것은 보이지 않는 문제이다. 문제를 발견한다는 것은 이처럼 보이지 않은 문제를 간파한다는 것이다. 인부를 위한 안전 기준 지침을 미리 확인했더라면, 구조물의 기준 지침을 마련했더라면 사고를 막을 수 있을 것이다. 문제 발견의 중요성은 여기에 있다(사토 인이치, 이봉노 옮김, 2005).

문제는 여러 가지로 정의할 수 있다. 혹자는 현 수준과 희망하는 수준의 차이가 문제라고 한다. 다음 그림에서 문제의 정의를 보면 이를 잘 확인할 수 있다(Balguley, 2002).

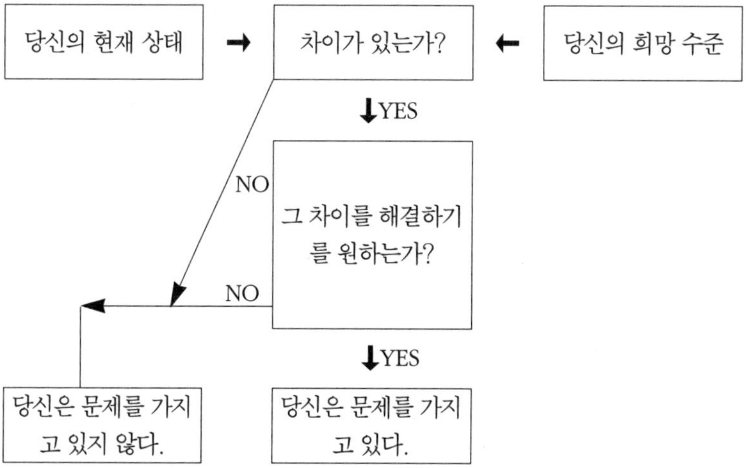

[그림 3-1] 문제의 정의

한편, 잭슨은 문제를 목적과 장애를 합한 개념으로 보고 있다. 즉 문제로 성립되기 위해서는 문제를 해결하려는 목적이 존재해야 하는 동시에 장애가 있어야 한다는 것이다.

한편 문제의 유형은 여러 가지로 분류된다. 사토 인이치는 문제를 발생형 문제(이미 일어난 문제), 탐색형 문제(앞으로 개선하고자 하는 문제), 설정형 문제(앞으로 어떻게 할 것인가 하는 문제)로 구분하였다. 여기서 이미 일어난 발생형 문제는 현 상황과 목표와의 갭이며, 그림과 같이 일탈 문제와 미달 문제로 구분될 수 있다. 그리고 설정형 문제는 새로운 사업 또는 과제를 개발하는 개발 문제와 미래의 다양한 위험을 예상해 준비해두는 회피 문제로 나누고, 탐색형 문제는 강화 문제와 개선 문제로 구분된다(사토인이치, 이봉노 옮김, 2005).

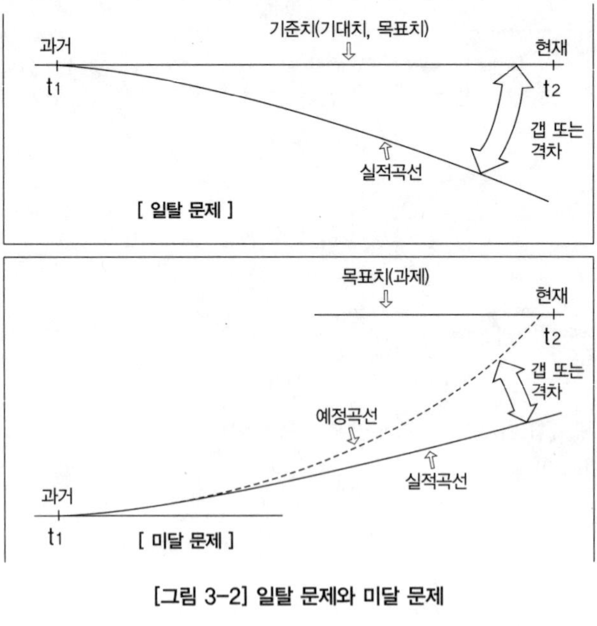

[그림 3-2] 일탈 문제와 미달 문제

세 가지 문제를 원인 지향과 목적 지향의 관점에서 살펴보면, 발생형 문제는 원인 지향이고, 설정형 문제는 목적 지향이며, 탐색형 문제는 원인과 목적이 모두 해당된다.

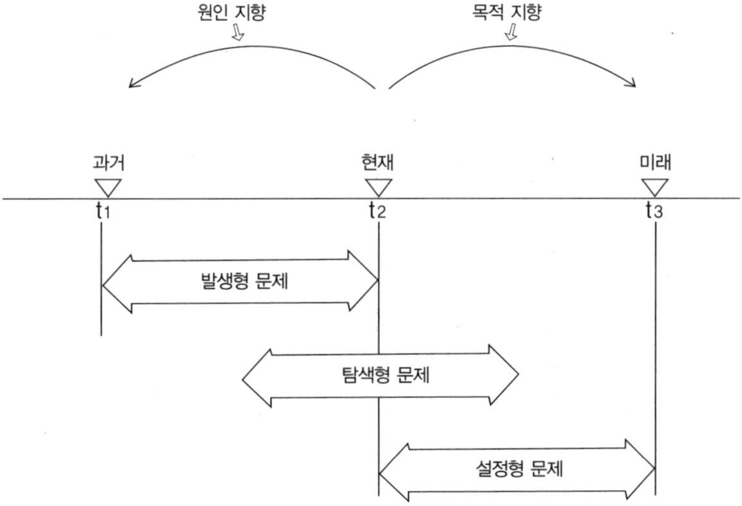

[그림 3-3] 문제의 유형과 지향

문제를 해결하는 과정이나 모형은 많은 학자들에 의하여 수많은 모형이 제시되었다. 팀과 팀워크의 저자인 베이글리는 다음 그림과 같이 8단계의 상호작용 문제해결 모형을 제시하였다.

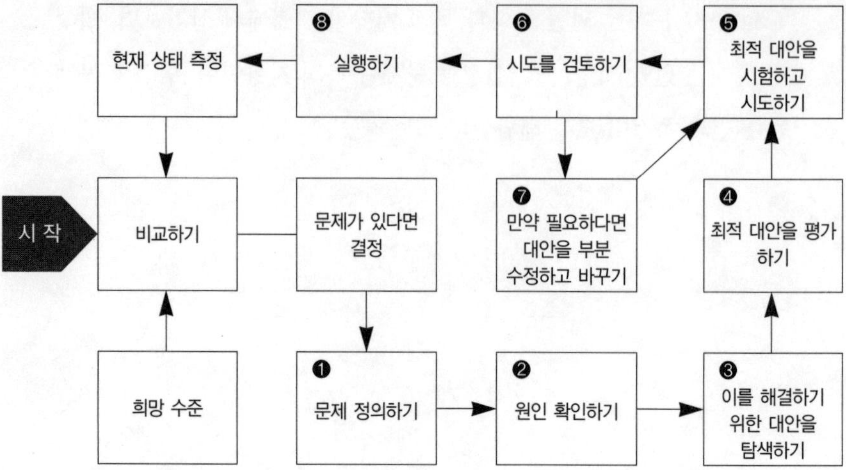

이 문제해결 과정이 끝나면 다시 시작하는 단계로 돌아온다. 이 과정은 현재의 수준과 원하는 수준을 비교하여 차이가 인지되면 다시 문제를 해결하는 순환적 과정이 특징이다.

2. 문제의 확인과 분석 기법

문제를 잘 해결하는 데 있어 중요한 것이 무엇일까? 다소 이견이 있을 수 있겠으나, 무엇보다 가장 중요한 단계는 문제를 확인하는 단계일 것이다. 문제가 무엇인지 제대로 파악해야 문제를 제대로 해결할 수 있게 되는 것은 너무나도 자명한 일이다.

문제는 양면성이 있기 때문에 탐정적, 탐험가적 사고방식을 요한다고 한다. 탐정적 사고는 문제 정의의 위기나 분석적인 부분을 다루고,

탐험가적 사고는 문제의 상황과 기회적인 면을 다룬다.

[표 3-1] 문제 정의 과정: 탐정과 탐험가

탐정	중점	탐험가
문제를 부여받음, 위기	문제 유형	발견 혹은 혼돈의 주체, 문제를 밝힘, 기회
알고 있는 사실을 목록화, 필요한 자료를 결정	사실	상황적으로 봄, 목표 설정, 상상
강제적 한계 결정: 시간, 예산, 직원 등	한계	마음속으로 한계를 정함: 한계 극복을 추구
상황에서 걱정되는 점은?	감정	무엇을 하면 더 좋아질까?
자동적 명령계통: 누구 책임인가? 누가 전문가인가?	의사소통	협동적 팀워크: 문제에 대해 너무 폐쇄적이지 않은 사람, 전문가가 아닌 관련분야에 있는 사람
기존 도구 방법 사용, 분석적이고 순차적 사고	문제해결 패러다임	새로운 패러다임, 경향, 대안, 확산적 사고 사용, 직관적, 감각적, 유연한 사고
원인과 실마리를 찾음 자료 수집과 분석	업무	상황과 경향을 추구: 연관성을 봄. 미래를 내다봄
문제: 자전거가 도둑맞음 실험: 쇠톱과 볼트절단기로 체인 /케이블을 시험 고객에게 조사지를 돌림 결론: 더 좋은 열쇠 필요	예	분실 자전거를 상황적 관점에서 봄—자전거 보안의 시스템 문제 자전거 설계, 자전거 주차, 자전거 등기, 다른 안전시스템의 사용 등의 변경을 고려
좁은 범위- 업무에 중점 해결될 것 같은 일만 선택 해결되면 종료	범위	우선 넓은 범위로 목표와 가장 중요 요인에 집중—변화를 위해 반대를 조사. 문제정의를 작성함
해결책이 없으면 탐험적 사고로 전환하고 상황적 문제정의를 계속함	행동	해결이 분명치 않음 잠복기를 가짐 창의적 문제해결과정을 지속함

유의할 사항은 우선 문제가 있음을 동의하고 수용하고, 문제 정의를 확실히 할 필요가 있다는 것이다. 드러난 문제가 실제 문제가 아닐 수도 있다. 예를 들어 학교에 가기 싫어하는 아이의 진짜 문제는 '아침에 일어나기 싫어하는 것'인데 '학교에서 괴롭힘 당함'이라고 잘못 정의할 경우도 있다.

자료 수집은 문제와 관련된 많은 정보를 수집해야 하고, 중요하지 않거나 이미 알고 있다고 판단되는 자료라도 수집하는 것이 좋다. 그리고 어떤 것이 중요한지 아닌지 너무 일찍 판단하는 것은 좋지 않다.

[표 3-2] 자료 수집 단계에서 긴 질문 목록 활용

질문 목록	
• 문제의 크기는 어떠한가? • 문제에 있어 주목할 만한 것은 무엇인가? • 이 문제를 일으킨 것은 무엇인가? • 이 문제는 다른 문제와 어떻게 다른가? • 이 문제를 일으킨 사건은 무엇인가? • 얼마나 오래되었는가? • 문제에 어떤 이유가 있나? • 문제가 어떻게 시작되었는가? • 누가, 무슨 방법으로, 왜 일으켰나? • 위치는 어디인가? • 문제와 관계될 수 있는 무슨 변화 (물건, 시설, 절차, 인원)가 있는가?	• 문제의 특별한 이유는 무엇인가? • 문제가 사람, 기관, 사회에 위협적인가? 그런 위협은 무엇인가? • 문제가 개인, 사회, 환경에 얼마 동안 어떻게 영향을 미칠 것인가? • 문제의 정황은 어떠한가? • 다른 영역과 어떤 관련이 있는가? • 다른 문제와 연관되어 있는가? 이유는 무엇인가? • 요인들은 분리하여 다룰 수 있는가? 이것은 전체 문제에 어떻게 영향을 미치는가?

많은 사람들은 문제에 대한 확산적 사고 기법인 브레인스토밍과 수렴적 사고 기법의 일종인 PMI 등의 기법에는 익숙하나, 문제 확인 기법에는 생소한 경우가 많다. 앞에서도 언급하였듯 문제를 제대로 풀기 위한 첫 단계이자 가장 중요한 단계는 무엇보다도 문제를 정확하게 확인하는 것이다.

이와 관련된 기법들 중 가장 대표적인 방법인 특성요인도(Fishbone Diagram)과 Why-Why 다이어그램(Why-Why Diagram) 그리고 압축과 확장 기법(Squeeze and Stretch)이 있다. 문제를 정확하게 확인하는 단계는 문제를 좀 더 정확하게 정의하는 데 도움을 주며 나아가 창의적인 문제해결의 단초를 제공한다.

1) 특성요인도

특성요인도(Fishbone Diagram)는 물고기 뼈 다이어그램이라고도 불리며 도쿄대학의 카오루 이시카와(Kaoru Ishikawa) 교수가 개발하여 이시카와 다이어그램(Ishikawa Diagram)이라고도 부른다. 이 방법은 문제를 인식하는 것과 함께 문제의 원인이 되는 모든 요인들을 손으로 그려보면서 나열하는 데 그 목적이 있다.

특성요인도가 문제를 확인하는 데 대단히 좋은 이유는 다음과 같다.

- 문제를 해결하려는 사람에게 의사결정에 앞서 문제의 모든 면에 대해 세밀히 조사하는 것을 도와준다.
- 원인들 사이에 관련된 중요성과 원인들 사이에 관련성을 볼 수

있도록 도와준다.

- 문제를 해결하려는 사람들이 문제에 초점을 맞출 수 있기 때문에 창의적인 프로세서를 시작하는 것을 도와준다.
- 문제해결을 위한 논리적인 절차를 시작하도록 돕는다.
- 지엽적인 부분에 초점을 맞추는 것을 막아주고 전체적인 문제를 볼 수 있도록 도와준다.
- 문제의 범위를 감소시키고, 간단한 문제를 해결하는 것보다 복잡한 문제를 해결하는 방법을 제공한다.
- 실제적인 문제에 초점을 맞추기 보다는 사고방식이나 행동을 새롭게 바꾸는 것을 도와준다.

특성요인도를 처음 그릴 때는 곧바로 정의할 수 있는 간단한 문제를 표현하는 것부터 시작하는 것이 좋다. 어느 정도 연습이 된 후에는 좀 더 복잡한 문제로 옮겨서 하면 되는데, 다음과 같은 순서를 따라서 그리면 된다.

- 종이의 오른쪽 면에 원을 그리고 그 안에 문제를 써라.
- 문제에서 직선을 왼쪽으로 긋는다. 이것이 '물고기 등뼈(backbone)'이다.
- 물고기 등뼈로부터 45도의 각도를 이루는 줄기들을 그려라.
- 각 줄기들의 끝에 문제의 모든 원인들을 브레인스토밍하여 배열하라.
- 하위 줄기가 필요하다면 추가적인 줄기를 그려라.

• 물고기의 꼬리 부분에 더 복잡한 원인을 적고 덜 복잡한 원인은 물고기의 머리 부분에 적는다.

특성요인도는 매우 강력한 도구이며, 또한 잘 분석된 경우에는 효과적인 문제해결에 도움을 준다.

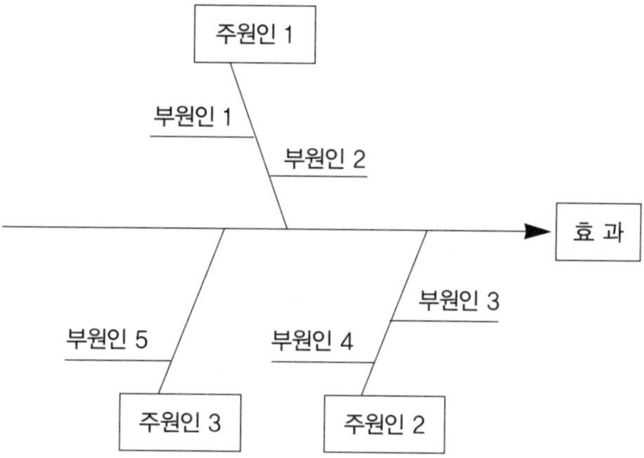

[그림 3-4] 특성요인도

2) 압축 및 확장 기법

문제해결 과정에서 사용할 수 있는 기법 중 '압축 및 확장 기법'은 문제를 좀 더 분석하여 바라보는 것을 도와주는 기법이다. 그 가운데 압축 기법은 문제의 기본적인 구성요소를 발견하는 것을 도와준다. 나머지 하나인 확장 기법은 문제의 범위에 대해서 살펴보는 것을 도와주는 기법이다. 또한 확장 기법은 문제와 관련되어 있는 사실들이 무엇인지를 볼 수 있도록 도와준다.

압축 기법은 연쇄적으로 계속해서 질문을 해나가는 방식을 취하고 있는데 이 때 '왜(why)'라는 단어로 질문을 시작한다. 문제를 충분히 깊이 있게 이해할 수 있을 때까지 이런 과정을 계속해나가면 된다.

압축 기법은 문제에 대해 '왜'로 시작하는 질문을 연쇄적으로 해나가는 기법이다.

확장 기법은 문제에 대해 '무엇을'로 시작하는 질문을 연쇄적으로 해나가는 기법이다.

3) Why-Why 다이어그램(Why-Why Diagram)

Why-Why 다이어그램은 물고기 뼈 다이어그램의 방법에 약간의 변화를 준 기법이다. 때문에 물고기 뼈 다이어그램과 마찬가지로 문제의 원인을 분석하는 데 사용하는 체계적인 방법이다. 이 기법은 왼쪽에서부터 오른쪽으로 옮겨가면서 문제를 진술해나간다. Why-Why 다이어그램은 전통적인 의사결정의 나무를 왼쪽으로 돌려놓은 형태를 띠고 있는데, 왼쪽에서 오른쪽으로 마치 나무를 그리듯이 완성해나가면 된다. '왜?'라는 질문에 대한 답을 하면서 가지를 확장시키는 것이다.

예를 들면, 사진이 더러워지는 이유에서 시작하여 '왜?'라는 질문에 답하며 오른쪽으로 가지를 추가해가는 것이다. 운송의 문제, 종이의 문제, 잉크의 문제를 '왜?'에 대한 답으로 선택했고, 각각의 답변에 다시 '왜?'라는 의문을 던지고 계속해서 답을 해나가는 방법을 반복하면 된다.

이 기법은 물고기 뼈 다이어그램처럼 많은 가치 있는 응답을 제공한다. Why-Why 다이어그램은 하나의 문제에 초점을 맞추기보다 문제를 넘어 관련된 더 많은 원인들을 찾아보는 것을 도와준다.

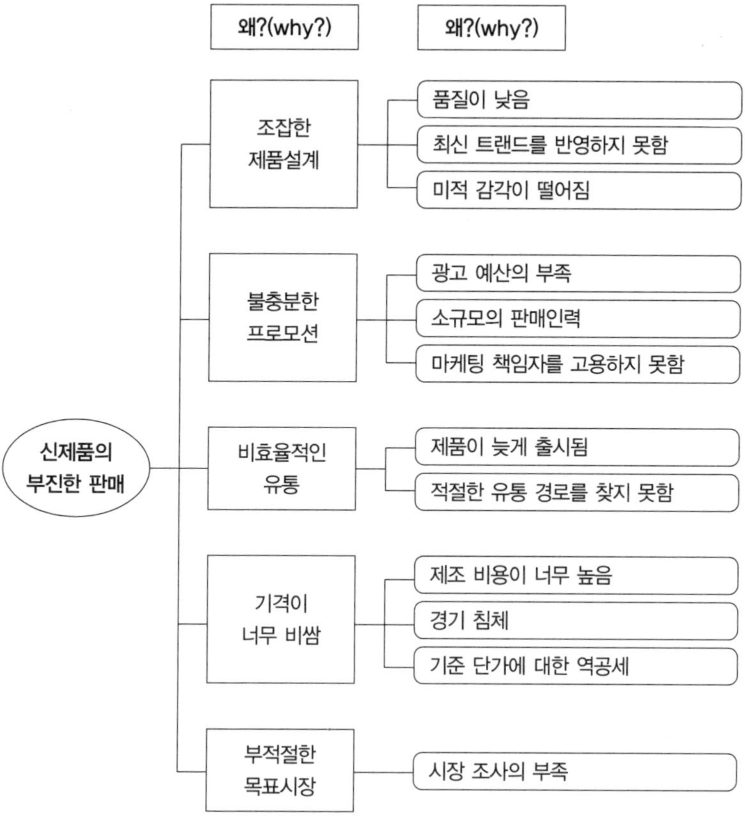

[그림 3-5] Why-Why 다이어그램의 응용 사례

Why-Why 다이어그램을 완성해가는 단계는 다음과 같다.

- 종이의 왼쪽에 문제를 진술하라.
- 가능한 요인들의 각각과 문제들을 고려하여 '왜'라는 질문을 반복하며 오른쪽으로 그 원인들을 그려나간다.
- 충분할 만큼의 답을 얻을 때까지 이 과정을 반복한다.

4) Kepner-Tregoe 문제 확인법

KT 기법(Kepner-Tregoe Analysis)은 문제와 관련한 사실과 사실이 아닌 것을 정확히 구분해서 문제를 분석하고, 문제 원인을 찾아내는 기법으로, 문제와 관련한 가정, 사실, 징후들을 명확한 문장으로 변화시킬 수 있기 때문에 문제의 원인을 체계적으로 찾을 수 있는 합리적 모형이다.

또한 이 기법은 목표와 실제 결과 간의 차이가 많은 유형의 문제를 분석하는 데 유용하다. 즉 고객의 불만 원인 분석, 생산성 저하 원인 분석, 제품 불량품의 원인 분석 등에 유용한 기법이다.

KT 기법을 활용한 사례로 신제품을 개발하는 연구 개발 부서의 직원들의 연구 생산성이 매우 낮아진 것을 발견하였는데, 이 KT 기법을 이용하여 자료를 수집해서 분석한 결과는 다음 자료와 같다.

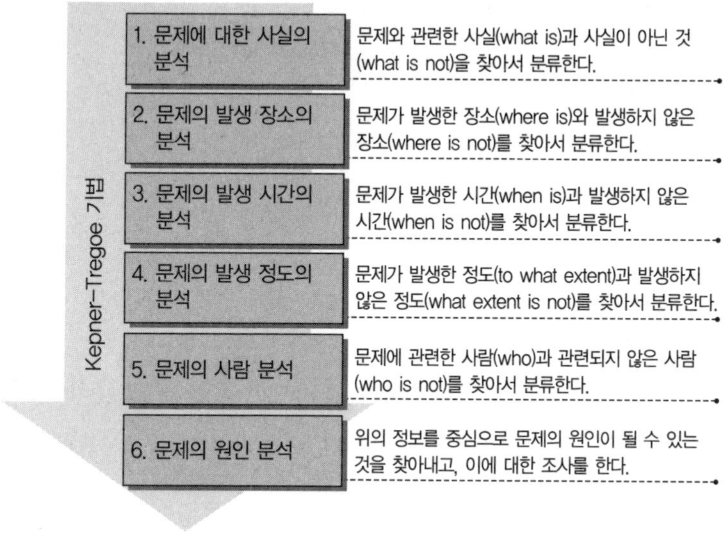

[그림 3-6] KT 기법

구분	Is	Is not
What	연구 실적이 낮아짐 정시 퇴근이 많아짐	출결근에는 변화가 없음 근무 태도에는 변화가 없음
Where	기술 개발 부서에서만 발생	다른 부서는 변화 없음
When	2004년 3월 이후	2004년 3월 이전
To what extent	연구 실적이 약 20퍼센트가 낮아졌음.	다른 분야의 변화는 없음
Who	2년 이내의 연구원	2년 이상의 연구원은 변화 없음

분석 결과, 2004년 2월에 도입한 인사 평가 시스템 때문에 신임 연구원들의 동요가 심해지고, 이 때문에 생산성이 낮아지게 되었고, 연구원들의 연구를 촉진하기 위해서 도입한 인사 평가 시스템이 오히려

젊은 연구원들의 연구를 저해하는 것으로 잠정 결론이 나와 문제의 원인인 인사 평가 시스템을 젊은 연구원의 관점에서 다시 한 번 분석하기로 했다.

3. 해결방안 도출을 위한 확산적 사고 기법

팀에게 주어진 문제가 명확하게 확인되고 구체적으로 분석이 되면 그 문제를 해결하기 위한 아이디어를 탐색하는 작업이 필요하다. 여기에서는 확산적 사고 기법 중 몇 가지를 살펴본다.

1) 브레인라이팅(Brainwriting) 기법

아이디어를 탐색하는 단계에서 가장 대표적인 방법은 브레인스토밍 기법이다. 이 기법은 사용 방법이 간편하고 많은 아이디어를 창출할 수 있는 장점이 있는 반면, 다소 소극적이거나 아이디어를 내는 데 쑥스러워하는 경우에 그 대안으로 브레인라이팅 기법이 대안으로 제시된다. 이 기법은 12명 이상의 팀원으로 구성되어 있거나, 다른 사람들 앞에서 발표하는 일에 쑥스러움을 타는 사람들이 있는 경우 활용할 수 있다. 이러한 브레인라이팅은 직접 대면한 상태에서의 언어적 상호작용이 결여되기 때문에 아이디어의 수가 줄어들 수 있는 단점이 있다.

① **갤러리 방법**

■ 준비물: 칠판과 차트

■ 절차

• 문제가 진술된 다음, 각 팀의 구성원들은 제한된 시간(약 20분) 동안 그들의 아이디어를 각자의 차트에 기록한다.

• 정해진 시간이 흐른 다음에 팀의 구성원들은 다른 사람들의 차트를 조용히 둘러본다.

• 이렇게 둘러본 뒤 구성원들은 자신들의 위치로 다시 돌아와서, 자신의 차트에 적었던 아이디어를 수정하고 또 다른 아이디어를 추가한다. 즉, 다른 사람들의 아이디어로부터 얻은 내용을 자신의 아이디어에 첨가하는 작업을 하는 것이다.

• 마지막으로, 이렇게 만들어진 노트와 아이디어를 모아서 다른 팀이 평가하도록 한다.

② **명목집단 기법(Nominal Group Technique)**

■ 준비물: 필기구

■ 절차

• 문제가 제시되고, 각 구성원들은 주어진 5~10분의 시간 동안 자신들의 아이디어를 조용히 적는다.

• 이렇게 나온 아이디어를 가지고 서로 공유하고 토의하며, 또한 투표를 통해서 5가지에서 9가지 아이디어의 순서를 정한다.

■ 특징: 이러한 방법은 규칙 같은 것에 따르도록 하는 압력이 줄어든다는 장점이 있지만, 이와는 반대로 아이디어를 만들어내는 과정에

서 구성원 간 상호작용이 적기 때문에 정말 독특한 아이디어를 만들 수 있는 기회가 줄어든다는 단점이 있다.

또한 주의해야 할 것은, 이 방법은 하나의 과정에서 아이디어를 만들어내고 동시에 평가가 같이 이루어진다는 것이다. 결국, 이 방법은 시간이 부족하거나 대다수로부터 일치된 문제해결책이 신속히 도출되어야 할 때 유용할 것이다.

③ 노트 수집 방법

각 구성원들은 이미 논의되었던 문제의 요약본을 받고 몇 주 이상의 기간 동안 브레인스토밍을 하고 나서, 문제를 어떻게 해결할 것인가에 대한 아이디어 기록을 한다. 진행자는 이 노트를 수집하고 팀이 좀 더 평가해서 선택한 아이디어와 함께 그 결과에 대한 자료를 준비한다.

■ 특징: 명목집단 기법과 같이, 이 방법은 구성원들 간의 상호작용을 저해한다. 그렇지만 팀에 속해 있는 것을 불편해하거나 주어진 과제에 많은 시간을 들여 깊이 생각하고자 하는 사람들에게는 유용할 수 있다.

④ 크로포드 쪽지 쓰기(Crawford Slip Writing)

이 방법은 큰 그룹의 사람들이 아이디어를 만들어내는 과정에서 아이디어를 창출할 때 유용하다.

■ 절차

• 문제를 제시한 다음, 각 참가자들은 하나하나의 쪽지에 총 20개

에서 30개의 아이디어를 적는다.

- 이 쪽지는 적힌 아이디어가 수정되거나 지워지기 전에 신속하게 수집한다.
- 이 아이디어들을 범주화하고 실행 가능한 실제의 해결책을 얻기 위해서 평가의 절차를 거친다.

■ 특징: 이 방법은 대규모의 조직에서 사용될 수 있는 방법이다.

⑤ Ringii process

이 방법은 면대면 상호작용이 극히 적은 또 다른 흥미로운 방법으로 일본 발음으로 'Ringii'라고 한다.

이 방법에서는 하나의 아이디어를 조직 내 다른 사람에게 종이에 적어 보낸다. 이 아이디어를 받은 사람들은 그 아이디어에 무언가를 추가하거나 수정할 수 있다. 처음 이 아이디어를 제출한 사람은 이렇게 수정되거나 변경된 아이디어를 활용할 수 있고, 또는 종합된 해결책이 독립된 전문 위원단에 의해 실행에 옮겨질 수 있다.

이러한 방법은, 크거나 작은 조직에서 의사소통이나 계획의 조정에 문제가 발생했을 때 유용하게 사용할 수 있다. 이 방법을 통해서 어떠한 적대감 없이 편안한 시간과 장소에서 아이디어를 적어서 보일 수 있고, 다른 사람들은 그들의 아이디어를 추가할 수도 있다.

결국, 다른 사람들의 아이디어에 대해 생각해볼 수 있으며 또한 자신들의 처음 아이디어를 재수정하여 작업할 수 있다. 몇 번에 걸쳐서 이러한 방법을 사용하게 되면, 모든 사람들이 만족할 수 있는 아이디어나 문제의 해결책을 제시할 수 있게 된다.

⑥ 6-3-5 방법

이 방법은 1970년에 처음으로 제시된 브레인라이팅 기법이다. 이 방법은 광고 제작과 같은 아주 다양한 개념이 필요한 부분에서 아이디어를 도출할 때 유용하다.

■ 절차

- 6명의 사람이 5분 안에 해당 문제에 대한 아이디어 3가지를 제시해야 한다.
- 생각해본 아이디어를 주어진 종이의 세 개 칸에 적는다(하나의 칸에 하나의 아이디어를 적는다).
- 이 종이를 옆의 사람에게 전달하고, 처음의 아이디어와 관련된 새로운 아이디어를 두 번째 줄에 적는다.
- 이렇게 하게 되면, 30분 안에 108가지의 아이디어(6×3×6)가 도출되며, 이중 대략 절반의 아이디어를 유용하게 사용할 수 있다.

⑦ 브레인라이팅 풀

이 방법의 장점은 사람들이 그들 자신의 능력대로 작업을 할 수 있다는 것이다.

■ 절차

- 주어진 문제에 대한 아이디어를 종이에 적는다(하나의 종이에 하나의 아이디어).
- 이렇게 적은 네 장의 종이를 테이블의 중앙에 수영장과 같은 모양으로 위가 보이도록 놓는다.
- 팀의 구성원들이 아이디어를 내놓게 되면, 이들은 테이블의 중앙

에 있는 종이 한 장을 자신의 것과 바꾸고, 바꾼 그 종이에 있는 아이디어를 변경하는 작업을 한다.

- 이러한 과정을 30분 정도 계속 반복한다.

⑧ 전자 브레인스토밍

이는 첨단 기술을 이용한 접근방법으로, 마이크로소프트의 빌 게이츠가 고안했다.

■ 절차

- 사람들은 이메일로 연결된다.
- 어떤 사람이 어떤 아이디어를 내고 이메일로 다른 사람에게 전송한다.
- 이렇게 해서 즉각적인 피드백과 무언가 추가된 다른 아이디어를 얻게 된다.

⑨ 게시판 기법

이 기법은 게시판을 활용하는 방법으로 어린이들에게 아주 유용하게 사용될 수 있는 방법이다.

■ 절차

- 문제의 배경 등에 대해 간단하게 정리된 것을 눈에 잘 띄는 장소에 몇 주 동안 게시한다.
- 사람들은 이 게시판을 보고 새로운 아이디어를 적을 수 있고, 또한 그 아이디어에 새로운 아이디어를 추가할 수 있다.
- 이렇게 모아진 아이디어들은 팀에 의해 평가가 이루어지게 된다.

⑩ 델파이 방법

이 방법은 브레인라이팅과 함께 시작되는 방법으로써, 최선의 아이디어를 얻을 때까지 계속되는 과정이다. 이는 큰 규모의 집단에서 의사소통을 위한 도구로써 사용된다.

■ 절차

- 참가자들은 자신의 이름을 남기지 않는다.
- 아이디어의 수집은 질문조사서나 온라인상의 컴퓨터에 의해 이루어지기 때문에 직접적인 상호작용은 일어나지 않는다.
- 처음 수집된 아이디어들이 평가되고, 분류되고, 그리고 중요도에 따라 순위가 매겨진 뒤 이 목록은 또 다른 순위 매김과 토론을 위해서 그 집단의 구성원들에게 보낸다.
- 이러한 과정은 각 구성원들의 합의가 나올 때까지 반복된다.

이 방법의 장점은 다양한 관점들로부터 어떤 합의를 볼 수 있는 영역으로 초점을 맞출 수 있다는 것이다. 이러한 방법은 특히 조직이 나아가야 할 미래의 방향을 계획하는 데 유용하게 사용되며, 전문적인 연구 방법에서도 활용한다.

2) 상호작용 브레인스토밍

이 방법은 언어적 브레인스토밍과 브레인라이팅의 각각의 장점들은 통합해놓은 방법으로 아이디어의 양과 질적인 면에 있어서 많은 아이디어를 얻을 수 있다. 20명 이상의 집단에서 활용할 수 있으며, 구두로써 아이디어를 공유하는 것과 함께 필기를 함으로써 아이디어를 내놓을 수 있는 방법이다.

① 아이디어 방아쇠 기법

■ 절차

- 이 방법은 구성원들이 짧은 시간 동안 일람표의 형식으로 되어 있는 노트 패드에 자신들의 아이디어를 적는 것으로 시작한다.
- 각 구성원들은 테이블의 한쪽 방향으로 돌아가면서 자신들의 아이디어에 새로운 아이디어를 덧붙이고 아이디어 목록을 복사해서 교체하면서 아이디어를 간단하게 진술한다.
- 두 번째 단계에서는 구두 표현으로 아이디어를 공유하는데, 이때는 반대 방향으로 돌아간다.
- 때로는 언어적 및 기술(記述)적 브레인스토밍은 더 이상 아이디어가 나오지 않을 때까지 수행하는데 아주 신속하게 교차되며 진행될 수도 있다(각각 3분에서 5분 정도).
- 마지막으로 창출된 아이디어들은 평가를 위해서 수집한다.

② 전문위원 형식(panel format)

이 방법은 대규모의 팀(대략 20명에서 30명이라 할 때)에서 소규모 팀으로 구분하는 것이 불가능할 때 사용할 수 있는 방법이다.

■ 절차

- 우선, 7명의 지원자를 그 집단에서 선출하고, 이들로 전문위원단을 구성한다.
- 당면 문제가 모든 구성원들에게 전달되고, 그 전문위원들은 그

문제에 대해서 15분 내지 20분가량 동안 언어로 브레인스토밍을 실시한다.

- 다른 구성원들은 패널들의 아이디어를 듣고 종합하려 시도하거나 아이디어에 새로운 것을 추가하면서, 처음의 아이디어 또는 추가된 아이디어를 적는다.
- 패널에 의해 게시된 아이디어는 청중으로 있던 다른 구성원들이 적은 아이디어와 함께, 추후 평가를 위해서 수집한다.

③ 통합적 문제해결 기법

이 방법은 아주 단순하거나 복잡한 문제 상황 모두에 활용할 수 있다. 즉, 너무 많은 아이디어와 해결책을 필요로 하지 않는 문제에 활용할 수 있다.

■ 절차

- 아이디어는 언어적 또는 기술적(記述的) 브레인스토밍을 통해서 신속하게 수집한다.
- 이렇게 수집된 아이디어들 중 차이가 있는 두 개의 아이디어를 집단에 제시하고, 이렇게 제시된 두 개 아이디어의 통합에 대한 토의가 진행된다.
- 세 번째 아이디어가 그 토의에 추가되고, 이전에 통합된 아이디어와 함께 다시 통합한다.
- 이런 과정으로 모든 아이디어가 관련되고 사용할 수 있을 때까지 계속 이어진다.

④ 스토리보드 기법

스토리보딩은 브레인스토밍에 바탕을 둔 아이디어 발상법이다. 탄력적일 뿐만 아니라 수정이 용이하다. 문제해결 단계와 대안을 창출하는 데 매우 강력하다. 브레인스토밍에 비해 복잡한 문제를 다루는 데 적합하다.

또한 스토리보딩은 여러 가지 계획의 전개를 정리하는 데도 사용되지만, 강연과 문장의 구성 · 초안 작성 등에도 적합하다. 생각을 정리하기에는 매우 편리한 기법이다.

이 기법을 전개하기 위해서는 카드(2.5×7.5센티미터의 포스트잇 등) 100매 정도와 B4용지를 10매 정도를 준비하면 된다. 그리고 다음과 같은 단계로 진행한다.

① 데이터와 아이디어를 카드에 기입한다. ⇒ 한 카드에 한 개씩 생각나는 대로 아이디어를 적는다. ② 카드를 펼치고 용지를 준비한다. ⇒ 카드를 책상 위에 펼치고, 그 왼쪽에 B4 사이즈의 용지를 세로로 놓는다. 용지는 세로로 3등분해 자르고, 상부에 '주요 행동', '내용과 사례', '보충과 상세 설명'이라고 연필로 기입한다. ③ 카드를 용지에 배열한다. ⇒ 모든 카드를 보고, 계획을 흐름으로 정리해간다. 우선, 카드 군에서 주된 행동의 흐름을 생각해 왼쪽의 '주요 행동' 칸에 카드를 위에서 아래로 놓는다. 각 행동의 주된 내용과 구체적인 예에 대한 카드는 중앙의 칸에, 내용의 보충과 상세한 설명 카드는 오른쪽 칸에 나열한다.

④ 추가 카드를 작성한다.

⇒ 이 단계에서 새롭게 발상한 카드를 추가한다. 여기에서는 맨 처음의 카드를 모두 사용할 필요는 없다. 오히려 정리할 때 추가 카드를 늘리도록 노력한다.

⑤ 전체 제목 · 기호 기입한다.

⇒ 전체 제목을 생각해서 용지의 맨 위에 기입한다. 또한 '스토리 흐름'은 (→), '병행 작업'은 (=), '관련 있음'은 (—) 등의 기호로 기입한다.

스토리보드 기법을 실시할 때 주의해야 할 점을 살펴보면 다음과 같다. ·

① 어디까지나 흐름으로 정리한다.
② 최초에 펼친 카드를 잘 보고 꼼꼼히 구상을 한다.
③ 추가 카드를 늘리고, 충실을 기한다.
④ 최초에 내놓은 카드를 모두 사용할 필요는 없다.

3) 강제 결합 기법

이 기법은 집단 구성원들이 꼼짝하지 않고 그대로 있을 때와 창의적인 아이디어가 도출되지 않을 때 유용한 방법이다. 이 방법은 아이디어를 강제로 끌어낼 수 있는 방법으로 발명적 수준의 전혀 생각지 못한 아이디어가 생성될 수 있다는 강점이 있다.

① 기회의 원

미국의 전문 창의성 컨설턴트인 미켈코는 1991년에 임의성을 이용해서 문제의 속성들을 선택하고, 선택된 속성들을 결합하여 자유 연상함으로써 아이디어를 얻는 '기회의 원' 기법을 개발했다. 이 기법은 소요 시간은 긴 편이지만 뜻밖의 많은 아이디어를 낼 수 있는 장점이 있다.

이 기법을 활용할 때는 먼저 해결하고자 하는 문제를 기술한다. 문제를 기술하고 나면 원을 그려 원 안에 시계처럼 1부터 12까지 숫자를 써 넣는다.

그리고 문제 특유의 속성 12개 혹은 일반적인 속성 12개를 열거한다. 문제 특유의 속성들을 열거할 때는 문제의 주요 특징을 생각한다.

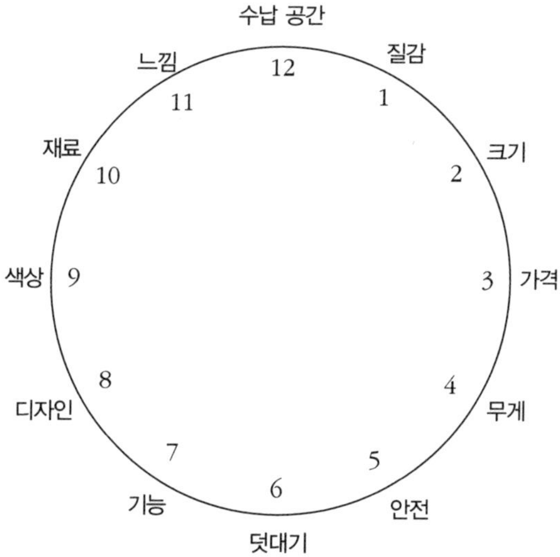

[그림 3-7] 소비자들의 만족과 관련된 요인

예컨대, 비행기 광고 캠페인 특유의 속성은, 사람들, 비용, 여행, 공항 등이다. 일반적 속성은 많은 문제들에 있어서 공통된 것으로서 재료, 구조, 색상, 형태, 감촉, 소리, 맛, 냄새, 밀도, 제조, 기능, 홍보, 판매 등이다. 12개의 속성을 번호 옆에 한 개씩 적는다.

속성을 모두 적고 나면, 주사위 한 개를 던져 해당 번호의 속성을 선택하고, 그 다음에는 한 쌍의 주사위를 던져 두 수의 합에 해당하는 다른 속성을 선택한다.

먼저 각각의 속성에 대해 자유 연상하고 나서 두 속성을 결합하여 다시 자유 연상한다. 자유 연상이 끝나면, 그 결과와 문제 간에 어떤 연관성이 있는지 생각하면서 아이디어나 해결책을 찾는다.

예컨대, 서류 가방을 개선하는 문제가 있다고 하자. 먼저 그림과 같은 원을 그리고 12가지 속성을 적는다.

그 다음, 주사위를 한 개 던져 5번(안전)이 나오고, 두 개를 던져 10번(재료)이 나온다. 이 속성들을 자유 연상한 결과 플라스틱, 숨김, 방탄조끼, 경보음, 움직임 감지기, 비디오카메라가 나온다. 그리고 이 연상들로부터 다음과 같은 아이디어가 떠오른다.

- 서류 가방 안에 보안 주머니를 숨겨놓는다.
- 방탄 재료로 가방을 만든다.
- 다른 사람이 만지면 경보음과 움직임 감지기가 작동되게 된다.

주사위 한 개를 다시 던져 6번(덧대기)이 나오고, 두 개를 던져 9번(색상)이 나온다. 이것들을 자유 연상함으로써 부드럽다, 스펀지, 주머니, 무지개를 얻는다. 그리고 이 연상들로부터 다음과 같은 아이디어들을 얻는다.

- 여러 가지 색상의 서류 가방
- 확장 파일 주머니의 파일별 색상 구분
- 보색으로 덧댄 손잡이
- 노트북 컴퓨터를 휴대할 때 사용하도록 보색으로 덧댄 구획, 컴퓨터를 휴대하지 않을 때는 이 구획을 제거하여 공간을 확보한다.

기회의 원 기법은 다양한 문제에서 적용될 수 있고 뜻밖의 아이디어를 얻을 수 있다. 개인이 사용할 수도 있지만 방법이 재미있어 여러 명이 집단으로 아이디어를 낼 때 활용하면 더욱 효과적이다.

기회의 원 단계
1. 문제를 정의한다(신제품 개발, 기존의 제품 개선 등). 2. 원을 그리고 시계처럼 숫자를 1부터 12까지 적는다. 3. 문제의 속성 중 12개를 골라 원 바깥쪽 숫자 옆에 1개씩 적는다. 4. 주사위 한 개를 던져 해당 번호의 속성을 선택한다. 5. 한 쌍의 주사위를 던져 두 수의 합에 해당하는 다른 속성을 선택한다. 6. 각각의 속성에 대해 자유 연상하고 나서 두 속성을 결합하여 다시 자유 연상 한다. 7. 연상의 결과와 문제 간에 어떤 연관성이 있는지 생각하면서 아이디어를 찾는다.

② 자연현상 기법

창의적인 생각을 하는 데 있어서 아주 단순한 기법이다. 이 기법은 자연 현상이나 살아 있는 기관의 분석을 이용한다. 즉, 자연계에서는 이 문제를 어떻게 해결하는가? 라는 질문이 그것인 것이다.

자연계의 현상과 유사한 문제가 있는가? 예를 들면 사막을 걷는 낙타의 발에서 압력의 배분이 어떻게 되는가를 보고 사막용 운반차량의 타이어를 설계한다.

그리고 강한 바람 속에서도 안정적인 조종이 가능한 비행체를 만들기 위해 바다갈매기의 날개를 연구함으로써 비행체의 날개를 설계한다.

또 어떤 과학자들은 광학 디스크 저장 체제의 개발을 위해서 나방의 눈 구조를 활용하기도 한다.

③ 강제결합게임 기법

창의적인 사고를 하기 위한 준비로 활용할 수 있다.

■ 절차

- 우선 두 개의 팀으로 나누고, 진술된 문제를 제시한다.
- 팀 1은 문제와 전혀 연관되지 않는, 하나의 아이디어를 제시한다.
- 팀 2는 팀 1의 아이디어를 본래의 문제를 해결할 수 있는 실질적인 아이디어로 바꾼다.
- 만약 팀 2가 아이디어를 바꾸는 데 성공하면, 두 번째 팀은 점수를 획득하게 된다.
- 만약 팀 2가 실패했다면, 이 점수는 팀 1에게 돌아가게 된다.

• 이 두 팀은 기괴한 질문으로 당황스러워하고 또, 좋은 적용 예를 찾는 과정을 교대로 하게 된다.
• 이때 모든 아이디어와 해결책들은 기록된다.

이 게임은 연관성 없는 아이디어를 발생시키는 동안 풍부한 상상력과 재치 있는 아이디어를 통합시키며, 또한 이러한 과정에서 창의적인 사고를 유발할 수 있게끔 한다. 특히, 젊은 사람들은 이 게임이 팀의 경쟁과 관계되기 때문에, 더욱 즐겁게 게임을 할 수 있다.

예)

문제: 더 좋은 성적을 거두기 위해 길러야 할 습관은 무엇인가?

팀 1: 학습 습관을 향상시키기 위해서는 아이스크림을 많이 먹어야 한다.

팀 2: 한 시간 학습할 때마다, 아이스크림을 크게 한 번 떠먹는다.

점수: 팀 2는 팀 1이 제시한 아이디어를 정확하게 문제와 연결시켰기 때문에 점수를 획득한다.

팀 2가 도전: 학습 습관을 향상시키기 위해서는, 자줏빛의 부츠를 신어라.

팀 1의 논박: 더불어서 자기 얼굴에도 같은 색의 페인트를 칠해라.

점수: 팀 1은 점수를 얻지 못한다. 왜냐하면, 그 답은 본래 문제에 대해 타당성 있는 대답이 아니기 때문이다. 결국, 점수는 다시 팀 2에게 돌아간다.

이 게임은 이러한 과정을 통해, 처음보다는 답이 쉽게 나올 때까지 계속된다. 그리고 나면, 브레인스토밍이 시작되는 것이다.

4) 공학적 확산 사고 기법

① 입력–출력(Input–Output)

입력-출력 기법은 창의공학 프로그램으로 미국의 제너럴일렉트릭이 개발한 창의성 기법이다. 이 프로그램은 목표를 성취하는 데 필요한 새로운 방법을 발견할 수 있도록 도와주는 기법이다. 자세한 예시는 다음과 같다.

이 동적인 시스템은 (1)입력 (2)출력 (3) 최소한의 요구사항 또는 상세 설명서로 구성되어 있다. 예를 들어, 밝은 태양이 비치는 동안에는 자동으로 방을 어둡게 하는 장치를 개발하는 것에 대한 문제는 다음과 같이 정의할 수 있다.

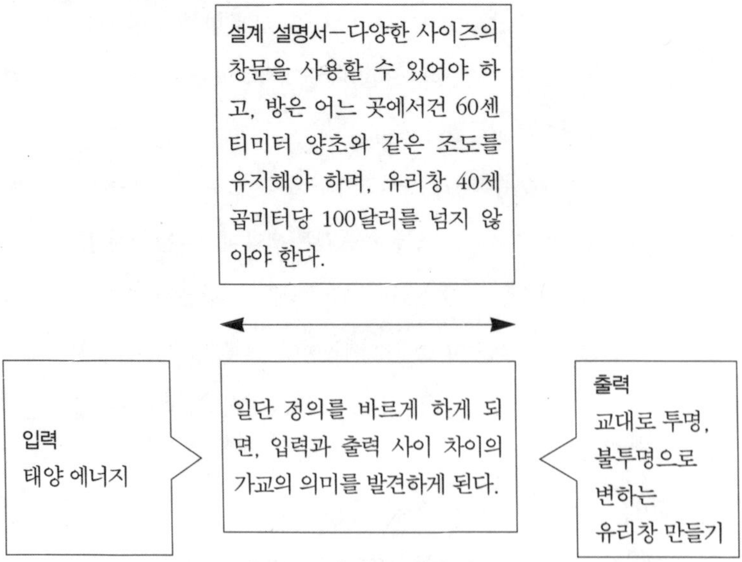

[그림 3-8] 입력–출력 기법

입력-출력 기법의 단계 요약
① 시스템의 입력, 바라는 출력, 그리고 최소한의 요구사항 또는 상세 설명서를 결정하기 ② 주어진 최소한의 요구사항 또는 상세 설명서, 입력 그리고 희망하는 출력 사이의 차이를 연결하는 가교를 만드는 방법에 대해서 브레인스토밍하기 ③ 해결책을 제안하기 위한 입력의 속성을 사용하기 ④ 지속적으로 문제에 대해 다음과 같이 질문하기, "이 현상(속성)은 어떤 방법으로 희망하는 출력을 이끌 수 있을까?" ⑤ 이 방법으로 산출된 다양한 아이디어를 평가하기

② 제품 개선 체크리스트

제품에 관한 새로운 아이디어 생성을 돕고자 미국 오클라호마 대학의 밴건디(VanGundy) 교수는 제품 개선 체크리스트(PICL)를 개발했다. 이 체크리스트는 오스본의 동사 체크리스트와 유사한 기능을 하며, 새로운 사고 패턴을 제공해준다. PICL에는 다음과 같은 예들을 포함하여 총 576개의 아이디어 자극 단어가 네 영역으로 구분되어 있다.

시도하다	만들다
팽창시키다	투명하게
비틀다	부드럽게
그리다	딱딱하게
꿰매다	얇게
걸다	두껍게
수축시키다	깨지지 않게
기체화하다	삼각형으로

생각하다	제거/첨가하다
시한폭탄	기대
텔레비전	깔때기
개미	흠
4계절	알코올
박테리아	힘
랜슬롯 경	접착천

PICL을 이용하여 아이디어를 얻고자 할 때는 먼저 개선하고자 하는 제품이나 서비스를 확인한 후, 위의 네 영역 중 한 영역을 골라 열거된 단어들을 훑어본 다음 단어 한 개를 고른다. 그리고 선택한 단어를 이용해 자신의 문제해결에 도움이 될 만한 아이디어를 생각하고 떠오르는 아이디어를 모두 기록한다. 위와 같은 과정을 실행 가능한 아이디어가 나올 때까지 계속 반복하여 가장 좋은 아이디어를 선택한다.

예컨대, 문제가 "어떻게 하면 손전등을 개선할 수 있을까?"라고 하자. 먼저, 체크리스트 중 한 가지 영역을 골라 단어들을 훑어본 다음 단어를 한 개 선택한다.

예)

- 투명 전화기처럼 손전등을 통해 건너편 물체가 잘 보이게 만든다('투명하게 만들다'로부터).
- 일정 시간이 지나면 자동으로 꺼지도록 타이머를 부착한다('시한 폭탄을 생각하다'로부터).

• 스위치에 손이 닿기 바로 전에 불이 켜지게 만든다('기대를 제거 또는 첨가하다'로부터).

PICL은 최근에 개발되었으나 이미 많은 사람들이 사용하고 있다. 역시 밴건디 교수가 개발한 것으로서 PICL의 다른 형태인 '창의성의 원(Cirlces of Creativity)'이라는 것도 있다. 창의성의 원이란 동심원에 수백 개의 단어가 '~를 시도하다' '~를 만들다' '~를 생각하다' '~를 상상하다' '~를 첨가하거나 제거하다' 와 같은 영역으로 구분되어 있다. 원을 돌리고 부착되어 있는 화살표들을 이용하면 단어 결합이 몇 가지 나오게 되고, 이 결합들로부터 기존의 제품이나 서비스에 관한 개선 방법을 얻을 수 있다.

PICL은 신제품 개발 외에도 마케팅이나 고객 서비스와 같은 다소 추상적인 문제에 대한 아이디어 생성에도 유용하다는 것이 입증되었다.

제품 개선 체크리스트 단계 요약
① 먼저 개선하고자 하는 제품이나 서비스를 정확히 파악하라.
② 제품 개선 체크리스트에 수록된 단어를 선택하고, 이것을 제품이나 서비스에 응용해보라. 그리고 그 결과를 기록하라
③ 잠재적인 대안들 중에서 어느 것이 가장 실행 가능성이 높은지를 결정하라.

4) 마인드맵(Mind Mapping)

마인드맵은 아이디어들과 그 상호 연결 상태를 시각적으로 보여주는 인기 있는 브레인스토밍 도구이며 학습 기법이다. 마인드맵은 어떠한 중심 개념 또는 문제점과 다른 개념 또는 문제점과의 연결 상태를 기억하기 쉬운 나무 모양의 그림 같은 그래픽으로 보여줄 수 있다. 마인드맵은 복잡한 아이디어와 정보 그리고 자료를 이해하기 쉽고 쌍방향적인 시각 자료로 만들고 구성하며 커뮤니케이션할 수 있게 해준다.

마인드맵은 항상 어떠한 문제 또는 개념을 중심에 위치시킨 뒤 시작한다. 일반적으로 마인드맵은 중심 문제와 선으로 연결된 단어, 짧은 어구, 그림 등을 포함한다.

대부분의 사람들은 시각 지향적이다. 마인드맵은 개념을 드러나게 해주는 구조, 단어, 컬러, 이미지 그리고 하이퍼링크를 사용하여 중심 개념이나 문제를 관련된 개념 또는 문제와 연결한다. 좌우 두뇌 사고

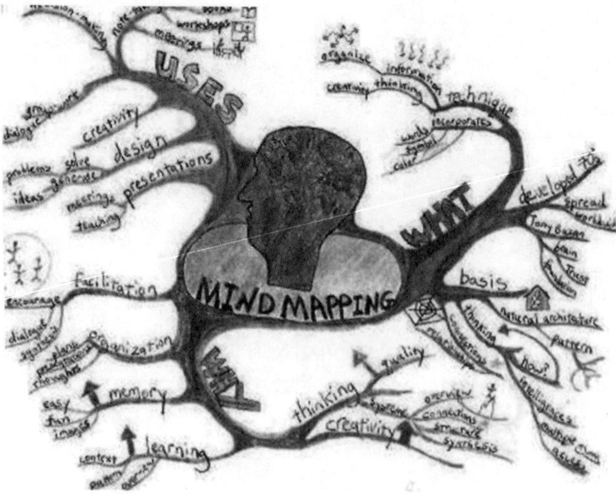

[그림 3-9] 마인드맵

를 연결해서 (아마도 학교에서 학습한) 단선적인 사고 방식과는 달리, 마인드맵은 상상력과 창의성을 자극한다. 따라서 완전히 분석적이고 창조적인 기술을 사용하는 것으로 여겨지고 있다.

방사형 그림은 이미 수세기 동안 모든 종류의 문제를 분석하는 데 사용되어 왔다. 3세기경에 신플라톤주의 사상가 포에피리가 아리스토텔레스의 분류를 시각적으로 나타낸 것이 오래된 예이다. 영국 심리학자이자 비즈니스 창의성의 대가인 토니 보잔은 학습과 기억을 도와주기 위해 종이 위에 아이디어를 정리하는 시각적이고 신속한 방법을 찾고 있었다. 그는 1960년대에 현대적인 마인드맵을 대중화시켰다.

마인드맵의 단계 요약
① 먼저 백지 한 장을 준비하라. 그런 다음 종이 한가운데 원을 그리고 그 안에 생각해야 할 목표나 문제(핵심 주제)를 적어라. ② 목표 또는 문제의 주요한 측면을 브레인스토밍하고, 도시 중심에서 도로가 뻗어나가듯 핵심 주제가 적힌 원을 중심으로 선을 그려나가면서 생각을 단계적으로 배열하라. ③ 필요한 대로 그 선 위에 가지를 추가하라. ④ 보다 효과적으로 이용하려면 여러 가지 시각적 기법을 사용하라. 예를 들면 주요한 아이디어를 나타내는 선은 다른 색깔로 표시하거나 한 번 이상 나타난 단어나 생각에는 원을 그려 강조하거나 유사한 생각들끼리는 선으로 연결하라. ⑤ 배열한 아이디어들 간에 어떤 상호 관련성이 있는지, 그리고 어떤 해결책을 암시하는지 알아내기 위해 마인드맵을 검토하라.

디지털 툴을 활용하면 마인드맵을 좀 더 쉽게 그릴 수 있다. 다양한

소프트웨어가 출시되어 활용되고 있다. 다음은 빌 게이츠가 칭찬한 소프트웨어인 마인드매퍼(Mindmapper)라는 소프트웨어의 국내 및 국외 홈페이지 화면이다.

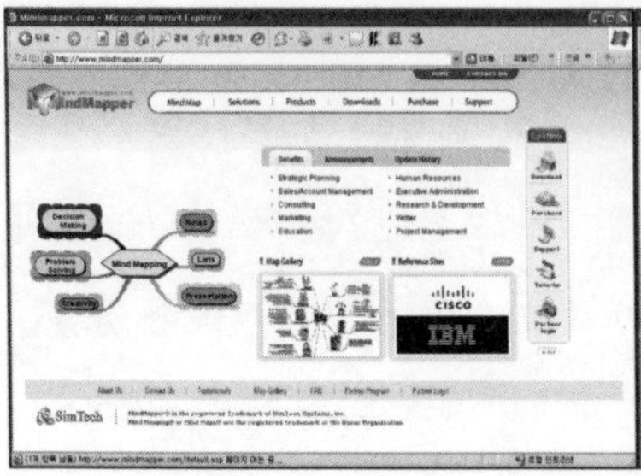
www.mindmapper.com

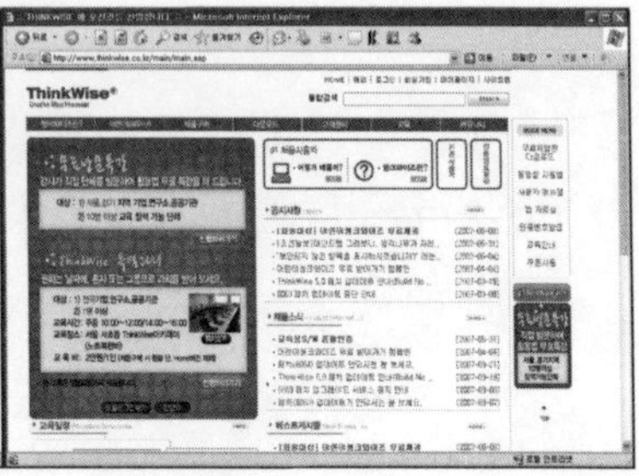
www.thinkwise.co.kr

4. 아이디어 평가를 위한 수렴적 사고 기법

확산적 사고 기법에 의하여 창출된 아이디어는 수렴적 사고 기법을 통하여 아이디어를 합리적으로 평가하는 절차를 거치게 된다. 결국 수렴적 사고 기법은 아이디어에 대한 의사결정 기법이다.

1) ALU(Advantage, Limitation and Unique Qualities)

ALU기법은 강점(Advantage), 약점(Limitation) 그리고 독특한 특징(Unique Qualities)의 첫 단어로 만든 기본적인 수렴적 사고 도구이다.

ALU기법은 한개 또는 몇 개의 대안을 가지고 있는데, 이들 모두가 가능하며 좀 더 깊이 있게 분석, 발전시킬 필요가 있을 때에 활용하기에 적합한 수렴 기법이다.

강점	새로운 아이디어가 가지고 있는 강점, 긍정적인 측면은 무엇인가?
약점	새로운 아이디어가 가지고 있는 약점, 문제점은 무엇인가?
독특한 특징	새로운 아이디어가 가지고 있는 독특한 특성이나 기능성은 무엇인가?

다음과 같은 절차를 통해 적용하여 활용하면 된다.

- 1단계 : 강점, 이점, 장점을 고려
  - 대안의 강점을 먼저 분석
  - 대안을 분석하는 일에 적극적으로 관여할 수 있게 도와줌
  - 습관적인 회피현상을 방지할 수 있음
- 2단계 : 제한, 개선이 필요한 영역을 찾아냄
  - 완벽한 대안이란 오히려 드물다
  - 각 대안이 가지는 제한, 약점 또는 문제점들을 신중하게 고려
- 3단계 : 독특한 특성을 확인
  - 각 대안들이 가지고 있는 새롭고 독특한 요소들을 의식적으로 고려

2) 평가 행렬법

제안된 아이디어들을 미리 정해놓은 준거에 따라 체계적으로 평가하기 위한 것이다. 평가하려는 아이디어들을 세로축에 나열하고 평가준거를 가로축에 적어 행렬표를 만든 후, 각 준거를 기초로 모든 아이

디어를 판정한다. 체계적인 만큼 시간과 노력이 소요되는 단점이 있다. 평가 행렬법은 다음과 같은 순서로 진행한다.

① 행렬표를 준비한다.

- 아이디어나 준거의 순서 없이 아이디어는 왼쪽에, 준거는 윗부분에 나열한다.

평가준거 / 대안	C (비용)	A (수용 가능성)	R (자원)	T (시간)	S (공간)
1					
2					
3					
4					

② 행렬표를 완성한다.

- 평점척도에 따라 점수를 부여한다.
- 평점척도 예) 15점 / 수~가 / −1, 0, +1

③ 결과를 해석한다.

- 행렬표의 결과는 아이디어의 강점과 약점을 확인하는 데에만 이용한다.
- 어떤 준거에서는 점수가 낮은데 어떤 준거에서는 높은 점수로 평가되었다면 그 아이디어를 다듬어 발전시킬 방도를 연구하고 궁리해봐야 한다.

3) 쌍비교 분석법(PCA : Pair Comparative Analysis)

이 기법은 힘이 들고 시간이 많이 걸리나, 아이디어들이 모두 중요해서 우선순위를 매기기 힘들 때 적절하게 사용할 수 있다. 이 기법은 다음과 같이 4단계의 절차를 따라서 진행하면 된다.

①PCA에 아이디어를 기입한다.

② 아이디어들의 각 쌍을 비교한다.

③ 점수를 더한다.

④ 결과를 해석한다.

다음은 쌍비교 분석법을 활용하여 아이디어를 평가한 예시이다.

아이디어									
	B	C	D	E	F	G	H	I	점수계
A	A^2	A^2	A^2	E^1	F^1	G^2	H^1	I^1	A=6
	B	C^1	B^1	E^2	F^2	G^3	H^1	I^2	B=1
		C	C^1	E^2	F^1	G^2	H^1	I^1	C=2
			D	E^3	F^1	G^2	H^1	I^1	D=0
				E	E^3	E^1	E^2	I^1	E=14
					F	G^1	F^1	F^1	F=7
						G	G^2	G^1	G=13
							H	H^1	H=5
								I	I=6

척 도

1. 약간 더 중요
2. 상당히 더 중요
3. 아주 더 중요

■ 결과해석: 아이디어 E가 우선 순위가 가장 높은 것으로 나타났다.

4) 스크리닝 매트릭스(Screening Matrix)

스크리닝 매트릭스는 다양한 아이디어들을 아이디어의 질에 따라 분류하여 우선순위를 정하고 선택하여 활용하고자 할 때 사용하면 좋은 체계적인 수렴 기법의 일종이다. 다음은 여러 가지의 프로그램 중에서 우수한 자료들을 선정하기 위해서 만든 스크리닝 매트릭스이다.

가로축은 아이디어의 참신성, 세로축은 아이디어의 실현성을 기준으로 상, 중, 하로 평가한다. 이러한 기준은 평가 대상에 따라 적절히 바꾸어 사용할 수 있다.

이렇게 하여 자료를 A, B, C, D의 네 수준으로 나누어 취사선택하여 활용하고자 할 때 활용할 수 있는 수렴기법이며 매우 체계적이며 훌륭한 방법이다. 특히 이 수렴적 사고 기법은 아이디어의 수가 많을 경우 편리한 평가 기법이다.

⇦ 아이디어의 참신성

⇧ 아이디어의 현실성

A	B	C
B	C	D
C	D	E

A: 최고의 아이디어 B: 차선의 아이디어 C: 의심스러운 아이디어
D: 형편없는 아이디어 E: 최악의 아이디어

5. 문제 실행 기법

수렴적 사고 기법을 통하여 최적의 아이디어가 선정되면 구체적 계획안을 확정하고, 실행하기 위한 기법을 적용할 필요가 있다.

하우-하우 기법은 아이디어 적용 기법의 일종이다. 적용하는 방법은 와이-와이 기법(Why-Why Diagram)과 유사한 형태를 띠고 있다. 계속해서 어떻게(How?)라는 질문을 반복하면서 아이디어 적용 방법을 구체화해나가는 기법이다. 이 과정을 반복하여 충분히 진행되면 아이디어 적용과 관련된 아주 상세한 정보를 얻을 수 있게 된다.

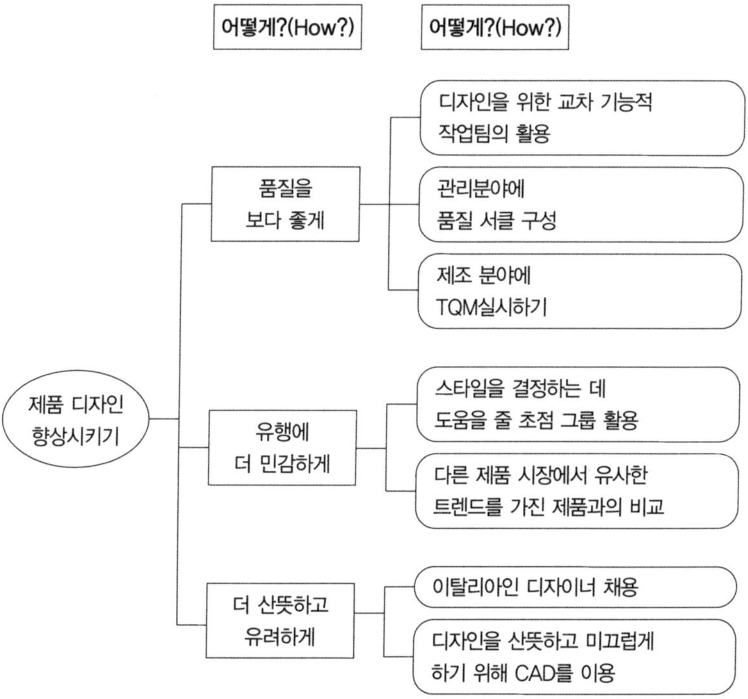

[그림 3-10] How-How 다이어그램의 응용 사례

하우-하우 기법의 단계별 진행절차는 다음과 같다.

① 최종 확정된 아이디어를 종이의 왼쪽의 중앙에 기록한다. ② 이 아이디어에 대해서 '어떻게?'라고 질문하고 이 질문에 대한 답을 나무 형태로 기록하여 나간다. ③ '어떻게?'에 대한 첫 번째 대답에 대해서 또다시 '어떻게?'라는 질문을 반복하여 이에 대한 대답을 나무 형태로 기록한다. ④ 계속해서 두 번째 대답에 대해서 '어떻게?'라고 질문하고 대답을 오른쪽에 나무 형태로 기록해 나간다. ⑤ 충분히 자세한 실행 방안이 나올 때까지 '어떻게?'라는 질문과 답변을 계속해서 진행한다.

TEAMWORK TIP

팀 문제의 발생 조건

- 애매하거나 혹은 잘 정의되지 않은, 혹은 도전적이지 않는 팀의 목표
- 팀을 이해하지 않는, 혹은 그들에게 흥미를 갖지 않은 상부 조직
- 필수적인 기술들은 갖추지 않은 팀원들, 혹은 팀의 목표보다 개인적 목표를 앞에 두는 사람
- 팀의 계획과 목표에 대해 모르고 관심이 없는 하도급 업체, 혹은 에이전시.

문제해결은 한 번의 노력으로 되지 않는 것을 기억하라. 그것은 연속의 처리과정이다. 습관을 가져라 !

Phill Baguley

4 팀 프로젝트 모니터링과 평가

주요개념

■ 팀 미팅, 팀 모니터링, 팀 동료평가, 팀 평가, 팀 보상

팀 프로젝트 관리에 있어서 가장 중요한 두 가지는 모니터링을 통한 프로젝트 초기부터 과정을 관리하는 것과 프로젝트가 종료되는 시점에서 평가를 통하여 프로젝트를 검토하는 것이다. 이러한 방법은 여러 가지 알려진 형식적, 비형식적 수단들이 많이 있다. 1:1 만남, 이메일, 전화통화 등은 일반적으로 잘 알려진 방법이지만, 팩스, 음성 메시지, 필기 노트 등도 단순한 모니터링 수단이 된다. 최근에 정보통신기술의 발달로 네트워킹을 통한 인터넷, PDA, 전화를 통한 즉시적 메시지와 e-프로젝트와 같은 웹기반 프로젝트 토의 시스템, 공식적 보고서, 정기적 모임, 정기 발표회 등도 중요한 수단이 되고 있다 (Smith, 2004).

이들 각각의 방법은 이점과 단점을 동시에 가지고 있다. 따라서 모니터링이나 평가의 목적에 맞게 적절히 타당한 방법을 선택하여 활용할 수 있고, 이 외에도 팀의 독창적인 방법을 찾는 것도 바람직할 것

이다.

효과적인 프로젝트 관리자는 항상 팀원 간의 접촉과 만남을 유지한다. 피터스(Peters, 1999)는 "모든 일은 프로젝트이다"라고 정의하고 프로젝트 작업에서 개개인이 의미를 갖고 프로젝트에 참여해야 한다고 주장한다(in Smith, 2004).

1. 팀 미팅

비록 팀 미팅이 팀 문제해결에서 중요한 모임이지만 다음과 같은 모임에 대하여 아래에 있는 구성원은 불만을 토로한다(Dressler, cited in Smith, 2004).

- 팀 모임의 목적이 명확하지 않다.
- 참여자들이 준비되어 있지 않다.
- 핵심 인사가 결석하거나 무시되었다.
- 회의 중 대화가 쟁점을 벗어난다.
- 참여자들이 쟁점에 대하여 토의하지 않고, 자기 주장만 하거나 독선적인 말이 지배적이다.
- 중요한 의사결정이 회의 중 논의 결과와 다르다.

리핀코트(Lippincott, 1994)는 팀 미팅에서 가장 일반적인 문제를 완화시키는 중요한 다섯 가지 지침을 제시하였다(in Smith, 2004).

1. 팀 미팅에서 성취하고자 하는 구체적인 목표를 두세 가지 문장으로 진술한다.
2. 이 목표를 성취하는 데 팀 미팅이 가장 좋은 방법이라면, 적어도 2일 전에 회의의 핵심 내용을 알려준다.
3. 팀 미칭 중에 집중과 존중, 질서를 유지하기 위한 회의 지침을 마련한다.
4. 팀 미팅의 결과에 대한 책임을 지도록 한다.
5. 만약 팀 미팅이 제대로 수행되지 않을 경우 브레인스토밍과 같은 다른 도구와 기법을 활용한다.

한편, 보다 구체적으로 숄테스 등(1996)은 책에서 팀 미팅을 회의 전, 중, 후의 세 단계로 구분하여 그 전략을 제시하였다(in Smith, 2004).

팀 미팅 전

계획하기

회의 목적과 결과를 명료하게 하기

팀 미팅 참여자를 확인하기

팀 미팅 목적을 달성하기 위한 회의 방법을 선택하기

핵심 회의 내용을 개발하고 알려주기

회의실을 마련하기

팀 미팅 중

시작하기: 출석 확인, 회의 내용 소개, 회의 규칙 확정, 역할 명료화

회의하기: 한 번에 한 쟁점씩, 토의를 관리, 주제와 진도를 관리

정리하기: 결정의 요약 정리, 실천 항목의 검토, 다음 회의 내용 공지, 다음 회의 시간과 장소 검토, 팀 미팅의 평가, 참여자에게 감사

팀 회의 후

회의 결정 따르기: 즉시 회의 결과와 자료 전달하기

효과적인 미팅을 위한 "팀 미팅 잘하는 방법" 등과 같은 정보를 마련한다.

다음은 "팀 미팅 잘하는 방법"의 예이다.

팀 미팅 잘하는 방법
팀 미팅 계획하기 • 회의의 목표를 명료히 하라. • 회의가 왜 필요한지 명료히 하라. • 다루어질 주제를 목록화하라. 공지하기 • 회의 내용, 회의 목적과 얻고자 하는 바를 참여자 모두 알도록 하라. • 참여자에게 회의의 중요성을 인지시키고 필요한 정보를 안내하라. 준비하기 • 회의 내용의 논리적 순서대로 준비하라. • 긴급성이 아닌 중요성에 기초하여 시간을 할당하라.

회의 진행: 구조화와 관리

• 해석이나 실천 전에 모든 증거를 마련하라.
• 회의 중 지나간 내용을 다시 꺼내는 행위를 중지하게 하고 지나간 내용을 다루지 않도록 한다.

요약과 회고

• 모든 결정과 기록을 요약하고 각 실천에 개인적 책임을 부여한다.

자료 : Cleese, 1993, cited in Smith, 2004

2. 팀 효과성 모니터링

팀 작업의 효과성을 모니터링하는 가장 일반적 방법은 보잉 사에서 적용한 플러스/델타 처리 접근이다. 이 방법은 모니터링 목록에서 잘 수행되는 항목은 플러스(+)로 표시하고, 그 다음으로 수행된 항목에 세모(△)로 표시를 하는 방법이다. 또 다른 방법은 다음과 같은 '개인별 성찰 자료'를 활용한다. 팀 구성원은 각자 주어진 성찰표를 완성하고, 다른 동료와 점수와 질적 기술 내용에 대하여 토의한다.

[표 4-1] 개인 성찰 도구

긍정적 행동	점수	질적 기술
안전		
몰입		
자유로운 상호작용		

상호의존성의 수준		
협력		
신뢰		
갈등 해결		
영향력		
성취도		
성장		

점수 1: 전혀 증거가 없음 2: 아주 부족함 3: 부족함 4: 훌륭함 5: 아주 훌륭함

자료: Uhlfedler, 1997, cited in Smith(2004)]

이 외에도 팀에서 개인적 참여에 관한 데이터를 수집하는 좀 더 복잡한 모니터링 방법이 있다. 다음 표는 스미스가 그의 강의에서 적용하는 방법으로 주요한 팀 행동인 팀 과제(아이디어들의 기여자), 팀 유지(격려자들) 측면에서 팀 구성원이 관찰하고 작성하는 것이다.

[표 4-2] 팀 관찰표

관찰의 범주	이름	전체 학생수
팀 과제 기여한 아이디어들		
팀 유지 격려한 사람		
전체		
기타 관찰 내용		

이것은 팀 구성원들이 작성하게 하여, 팀 관리자는 구체적이고, 기술적이며, 즉각적이고 긍정적인 피드백을 한다. 그러나 개인이 희망한다면 개인적으로 부정적인 피드백을 하며, 그 개인은 흔히 청취할 준비를 한다. 다음은 숄테스(Scholtes, 1988)가 제시한 건설적인 피드백을 위한 지침이다(Smith, 2004).

- 피드백의 요청에 감사를 표한다.
- 긍정적 피드백을 준다(부정적 피드백은 요청이 있는 경우만 한다).
- 맥락을 이해시킨다.
- 피드백 줄 때를 알게 한다.
- 피드백을 어떻게 주는지 알게 한다.
- 설명한다.
- 라벨을 사용하지 않는다.
- 판단하지 않는다.
- 피드백 받는 사람에 대하여 말하고, 다른 사람에 대해서는 말하지 않는다.
- 질문이 아니라 진술과 같은 쟁점을 열거한다.
- 관찰한 내용에 대해서만 피드백한다.
- 긍정적 피드백을 할 때 칭찬한다.

한편, 상호작용 기술을 관찰하는 도구는 제록스 회사에서 적용하였는데 다음 표와 같은 코딩 양식과 각 행동을 정의하고 예시까지 제시하였다(Xerox Corporation, 1986, in Smith, 2004).

[표 4-3] 제록스의 팀 상호작용 기술 코딩 용지

행동						전체 사례	%
시작							
제안							
발전							
반응							
지지							
반대							
변호/공격							
명료화							
이해력 시험							
요약화							
정보 탐색							
정보 제공							
전체 사례							
과정							
참여 훼방							
참여 요구							

3. 팀 대화 분석

도넬론(Donnellon, 1996)은 모든 그룹이 팀이 되는 것은 아니라고 전제하면서, 보다 정교화된 팀 수행능력을 분석하는 접근법을 개발하였다. 그는 팀을 평가하기 위한 6가지 차원으로 정체성, 상호의존성, 힘의 집중도, 사회적 거리감, 갈등 관리 행동, 협상 전략을 제시하였다. 그는 기본적으로 팀의 바람직한 행동은 상호의존성, 가까운 사회적 거리(신뢰 있는 관계), 건설적인 갈등 관리 전략, Win-Win 전략 등이라고 강조하였다.

[표 4-4] 보통의 그룹과 훌륭한 팀

차원	보통 그룹	훌륭한 팀
정체성	조직상의 그룹	팀
상호의존성	독립	상호의존
힘의 집중도	높다	낮다
사회적 거리감	멀다	가깝다
갈등관리 행동	강요, 동조, 회피	직면, 협력
협상 전략	승자와 패자	모두 승자

[표 4-5] 6가지 차원으로 본 팀의 특성

정체성	상호의존성	힘의 집중도	사회적 거리감	협상 전략	갈등관리 행동	프로파일
팀	높음	낮음	가깝다	모두 승자	협력	협력적
팀	보통	낮음	가깝다	모두 승자	강요-회피	대체로 협력적
팀	보통	높음	가깝다			출현
팀과 조직	높음	높음	멀다	승자 패자	강요-회피	적대적
팀과 조직	낮음	높음	멀다	승자 패자	강요-회피	적대적
조직	낮음	낮음	멀다			명목적
조직	낮음	높음	멀다	승자 패자	강요-회피	파멸적

앞에서 제시한 팀 모니터링과 과정 관찰 양식은 보다 체계적으로 팀 수행의 작업과 과제 모두를 성찰할 수 있게 한다. 즉 이러한 모니터링은 팀 목표 달성에 기여하고 팀 구성원의 작업 능력을 돕는다. 그렇지만 전형적으로 팀의 수행과정에 대한 시간 투자와 칭찬에 동기를 갖기가 어렵다. 팀의 효과성과 작업 환경의 놀라운 차이를 만드는 데 팀이 어떻게 작동하는가를 탐구할 시간적 투자가 적다.

4. 팀 동료 평가

보통은 익명으로 이루어지는 동료 평가는 공학기술 팀에서 점점 일반적인 경향이 되고 있다. 맥거티와 드뫼즈(McGourty and De Meuse, 2001)는 네 가지 팀 효과성 차원(의사소통, 의사결정, 협력, 자기 관리)에서 각 구성원이 팀의 다른 동료를 평가하는 컴퓨터 기반의 동료평가 시스템(5단계 평가)를 개발하였다. 그들은 팀 문제해결과 개선에 도움을 주는 정보를 제공하는 데 중점을 두어야 한다고 하였다(in Smith, 2004).

효과성 팀 개발은 개선을 촉진하는 분위기의 결과이다. 동료 평가는 이러한 분위기를 개선하는 데 도움이 되지만, 실제적인 관리에는 필요하지 않을 수 있다.

5. 팀 프로젝트 평가

프로젝트의 마무리는 매우 중요하며, 평가가 이루어진다. 일반적으로 프로젝트 평가 문항은 이 과정에서 지침이 된다. 하이네스(Haynes, 1989)는 전형적인 팀 평가 질문을 다음과 같이 제시하였다(in Smith, 2004).

1. 계획된 과제 완성 일정을 실제로 얼마나 충족했는가?
2. 일정에 관하여 우리가 배운 사실 중 다음 프로젝트에 도움이 될 만한 것은 무엇인가?
3. 최종 프로젝트 비용이 예산과 얼마나 맞아떨어지는가?
4. 예산에 관하여 우리가 배운 사실 중 다음 프로젝트에 도움이 될 만한 것은 무엇인가?
5. 프로젝트 완성과 관련하여, 추가적인 작업 없이 고객이 요구한 명세서를 얼마나 충족하였는가?
6. 추가적인 작업이 요구된다면, 그 내용을 기술하시오.
7. 고객 명세서에 대하여 우리가 배운 사실 중 다음 프로젝트에 도움이 될 만한 것은 무엇인가?
8. 지원 조직에 대하여 우리가 배운 사실 중 다음 프로젝트에 도움이 될 만한 것은 무엇인가?
9. 프로젝트 수행 모니터링에 대하여 우리가 배운 사실 중 다음 프로젝트에 도움이 될 만한 것은 무엇인가?
10. '올바른 실천'에 대하여 우리가 배운 사실 중 다음 프로젝트에

도움이 될 만한 것은 무엇인가?

11. 우리가 창출한 기술적인 진보가 이루어졌는가?
12. 다음 프로젝트에 도움이 될 수 있는 개발된 도구와 기법은 무엇인가?
13. 미래 연구와 개발에 대하여 제안점은 무엇인가?
14. 서비스 조직과 외부조직에 대하여 시사점은 무엇인가?
15. 만약 프로젝트가 수행할 기회가 생긴다면, 서로 다르게 수행할 전략은 무엇인가?

프로젝트 평가는 꼭 프로젝트 마지막에 수행되는 것은 아니다. 평가는 프로젝트의 일환으로 통합되어야 한다. 경우에 따라 프로젝트가 지연되거나 과도하게 초과 달성되었을 때를 위해서도 지속적인 평가 시스템이 확립될 필요가 있다.

평가와 지속적인 개선은 프로젝트와 화사의 문화로서 계속되는 일이다. 회사나 조직의 문화적 측면은 보통 질적인 동기로 기술된다. [표 4-6]은 프로젝트 질에 대한 고전적 사고와 혁신적 사고를 비교한 것이다.

[표 4-6] 질 관리에서의 고전적 사고와 혁신적 사고

고전적 사고	혁신적 사고
경쟁이 더 나은 작업을 위한 동기	협력이 효과적인 작업을 하도록 격려
승자가 있으면 패자가 있음	모든 개인이 승자
보스를 위하여	고객을 위하여

분절되고 산발적 문제	시스템을 개선
개인적 과정의 개선에 중점	전체 시스템의 목적과 어떻게 과정이 더욱 개선될 수 있는지에 중점
문제 자체의 원인과 해결책을 찾음	우선 모든 일과 사람의 변수들을 인지하고, 문제를 시스템 안팎에서 바라봄
명세서가 충족되면 일이 끝남	지속적 개선이 끊임없는 여행이다.
검사와 측정이 질을 개선한다.	가능성의 과정, 비전과 목표의 공유, 훌륭한 리더십, 훈련이 창의적 질 관리에서 핵심이 된다.
위험과 실수는 나쁘다.	지속적인 개선을 할 때, 약간의 위험과 실수는 허용된다.
종국적인 교육이 있다.	계속적인 학습자이다.
보스는 명령하고 통제한다.	보스는 작업자를 돕고 개선을 촉진한다.
보스는 모든 일을 알아야 한다.	훌륭한 리더와 함께 일하는 팀은 더 나은 일을 알고 할 수 있다.
단기 이익이 최고다.	복잡한 세계에서 의미 있는 성취가 시간을 번다.
기본적인 신뢰를 가지기 힘들다.	팀 구성원은 항상 신뢰하고 지속시킨다.
당장 실행한다.	먼저 생각하고 다음에 행동한다.

공학자는 그들의 조직에서 질적인 동기를 창출하는 데 돕도록 요구된다. 이러한 질 관리는 CQI(Continuous Quality Improvement)와 TQI(Total Quality Improvement), Six 시그마 등의 전략들이 있다. Six 시그마의 핵심 주제는 다음과 같다.

• 고객을 중점으로 두기

- 자료와 사실에 기초한 관리
- 성장과 성공 엔진으로서의 과정 중심, 관리와 개선
- 앞을 내다보는 관리
- 경계 없는 협력
- 완전을 추구하되 실패를 인내

Six 시그마를 개선한 DMAIC(Define, Measure, Analyze, Improve, Control) 모델도 새롭게 제시되고 있다. 우리는 흔히 목표의 성취와 과제의 완성을 평가하지만, 우리 주위에서 일어나는 현상과 환경에 대하여 주의를 기울이는 것을 잊어버린다. 성공적인 프로젝트 관리자는 주의 깊게 기술들을 세련되게 하고 성찰한다.

6. 팀 보상

팀에 대한 보상 시스템은 개인과 팀 모두에게 수행되어야 한다. 효과적인 보상 시스템은 보상의 적절한 두 유형의 균형을 갖추어야 한다. 그러나 한 회사의 사례가 다른 회사에 그대로 적용되는 것은 아니다. 바람직한 보상 시스템은 대체로 다음 4가지를 충족해야 한다(Goetsch, 2004).

- 개인적 보상
- 개인에 대한 인정

• 팀 보상
• 팀에 대한 인정

개인과 팀에 대한 보상은 성과급이나 경제적 보상의 방법으로 이루어진다. 보상은 회사에서 회사원의 일의 의욕을 높이기 위한 성과 시스템의 차원에서 월급으로 보상하는 것이 일반적이다. 그러나 더 큰 동기를 위하여 경제적 보상보다도 그 성과를 인정해주는 보상 시스템이 더욱 중요하다고 한다. 다음 [표 4-7]는 개인적 인정을 위한 보상 전략이다(Goetsch, 2004).

[표 4-7] 개인 및 팀의 인정 전략 체크리스트

체크	인정 전략
	CEO의 편지
	개인이나 팀에게 한 달간 주차 공간 제공
	휴가, 반차, 금요일 휴가 등
	개인이나 팀을 위한 전문 잡지 구독권
	뉴스레터에 공지하고, 상패 수여
	CEO와 중식 만찬
	상품권
	이벤트 티켓
	전문 회의, 워크샵, 세미나 참석 보장
	훈련 지도자 기회
	회사 출판물과 게시판에 프로파일

	헬스클럽, CC 회원권
	팀 성취를 기념하는 모자, 셔츠, 재킷
	골프 라운딩 또는 볼링 티켓
	리무진 탑승 기회
	일정 기간 동안 회사 차량 활용

개인적 보상이 팀 보상보다 더 큰 영향력을 줄 때는 팀의 상호의존성을 약화시키거나 팀의 협력을 해치는 요인이 될 수 있다는 점을 유념해야 한다.

공학기술 분야에서 무엇보다도 큰 보상은 다음과 같은 잠재적 팀의 이점을 창출할 수 있다는 것이다.

- 소비자들의 만족과 지지
- 생산제품의 질 개선
- 서비스 질 개선
- 고용인의 도덕성 강화
- 조직 관리의 융통성 증대
- 문제해결의 개선
- 보다 큰 혁신 창조

왜 창조적이지 못한가?

팀워크 개발 활동 8
TEAM BUILDING

• **목표**

창조성을 방해하는 요인을 토론을 통하여 확인하고, 이에 대한 극복과 탈피의 마인드를 제고한다.

• **준비물**

필기도구와 부착용 메모 용지, 화이트보드 또는 칠판

• **절차**

1. 창조성 요소를 두고 토론을 한 뒤 어떤 조직이나 팀에서 창조성이 고의로 또는 의도하지 않게 방해받고 있는지 인식한다.
2. 3~4인 정도의 팀을 구성하고, 다음의 질문을 토론한다.
   가. 왜 우리는 창조적이지 못한가?
   나. 가능한 많은 답이 나올 때까지 3분 정도 자유롭게 토론하고 기록한다.
      (예: 사장, 작업 분위기, 시간의 부족, 과거 경험, 기술 부족, 게으름 등)

다. 토론 후 발표자를 정하여 창조성의 방해요인을 발표한다. 전체 기록자는 칠판에 이러한 내용을 모두 기록한다.

라. 모든 항목들이 발표되었으면, 각 그룹에게 그들의 항목을 조사하고 어떤 항목들이 '다른 사람들'에게 통제되는 것과는 대조적으로 '스스로' 통제할 수 있는지를 확인하도록 한다.

• **활동 토의**

1. 창조성을 방해하는 많은 항목에 놀랐는가?
2. 이러한 항목들이 사실인가?

3. 항목들 중 어떤 것들을 조절할 수 있으며, 이러한 장애물들을 어떻게 극복할 수 있는가?
4. 통제할 수 없는 환경(시장, 정책 등)의 충격을 어떻게 줄일 수 있는가?

도전 : 팀 문제해결

팀워크 계발 활동 9

TEAM BUILDING

• **목표**

팀 구성원들의 현재 도전 과제와 문제들을 위해 할 수 있는 다양한 해결책과 방안을 제안하는 데 도움을 준다.

• **준비물**

종이, 메모지, 펜

• **절차**

1. 팀원은 테이블 주위로 또는 둥글게 자리를 배치해야 한다.
2. 현재의 직무 관련 문제 또는 관심사에 대하여 생각하도록 한다.
3. 각자는 종이 또는 메모지에 문제점을 적는다. 예를 들면, "어떻게 하면 팀 활동에 좀 더 많이 참여할까?" 또는 "어떻게 하면 팀원들이 시간을 좀 더 잘 지키게 할 수 있을까?" 같은 것들이다. 생각하고 쓸 시간으로 몇 분을 준다.
4. 각자의 기록지를 오른쪽으로 돌리도록 한다.
5. 다음 사람은 문제를 읽고 떠오르는 생각을 간단히 메모한다. 30초 정도의 여유를 준다.
6. 이러한 매 순환과정마다 30초씩을 반복해서 준다. 각자가 자신의 종이를 받을 때까지 반복한다.
7. 시간이 된다면, 그들이 받은 실용적인 해결책에 대하여 토론할 수 있다.

• **활동 토의**

1. 이전에 생각지 못한 해결책을 발견했는가?
2. 이러한 제안을 위한 노력 속에 가치를 발견할 수 있는가?
3. 이러한 제안들이 당신에게 다른 생각과 해결책을 유발하지는 않는가?

| 성찰과 토론 | *Reflection & Discussion*

1. 당신이 졸업할 때 들어갈 공학 분야의 프로젝트 또는 프로젝트 관리의 환경을 〔표 1-1〕에 있는 핵심 개념, 지배하는 프로젝트 특성, 주요 신념, 은유, 수단의 요인에 따라 조사해보고 토론해보자.
2. 프로젝트 모델의 진보를 말하고 최근에 강조되는 임기응변(역동성) 프로젝트가 왜 필요한지 그 사례를 들어 설명하시오.
3. 프로젝트 라이프 사이클이 자원, 능력, 비용 요인과 어떠한 함수관계를 갖는지 그래프를 중심으로 실례를 들어 설명하시오.
4. 팀 프로젝트와 문제해결이 어떻게 관련되는지, 그 이점을 토론해보자.
5. 문제를 자신의 말로 재정의해보고, 그 이유를 설명하시오.
6. 문제해결의 일반적 과정을 사고과정과 관련지어 설명하시오.
7. 문제해결 유형을 마인드맵으로 정리해보고, 각 유형이 어떻게 팀워크에 기여할 수 있는지 토론해보자.
8. 다음 사례를 읽고 A씨가 할 수 있는 판단의 가능성을 유추해보고 왜 그러한지를 문제해결 행동 유형에 비추어 설명해보자.

A씨는 39세이며 대기업 인사과의 과장이다. 능력을 인정받아 승진의 전망도 밝고 연봉도 높다. 그런데 그는 얼마 전부터 친구인 '나노 화장품' 벤처의 사장으로부터 같이 일하자는 제의를 받는다. 당장의 연봉도 현재보다 3배 정도로 많고 벤처가 성공했을 때의 수입은 엄청나 보인다. 사업의 전망도 매우 좋아 보인다. A씨는 친구의 제의를 심각하게 고민하고 있다. A씨는 이 어려운 문제를 해결하기 위하여 무슨 일을 어떻게 할 것 같으며 결론은 어떻게 내릴 것 같은가?

9. Why-Why 기법 또는 특성요인도를 통하여 여러분의 팀 혹은 과제를 분석해보시오.
10. 브레인라이팅의 기법 중 서로 다른 한 가지를 선택하여 아이디어를 창출해보고, 그 과정을 토론해보자.
11. 상화작용 브레인스토밍 기법 중 서로 다른 한 가지를 선택하여 아이디어를 창출해보고, 그 과정을 토론해보자.
12. 강제 결합 기법이 가지는 장점은 무엇이며, 그중 한 가지를 이용하여 우리 주위의 생활 제품을 한 가지 선정하여 새로운 혁신과 발명 아이디어를 창출해보자.
13. 공학적 확산적 사고 기법을 이용하여 주위의 생활 제품을 한 가지 선정하여 새로운 혁신과 발명 아이디어를 창출해보자.
14. 마인드맵의 소프트웨어의 데모 프로그램을 구입하여 실제로 활용하고 난 소감을 말해보자.
15. 확산적 사고 기법에 의하여 창출된 아이디어를 수렴적 평가 기법을 활용하여 평가해보고 그 과정을 토의해보자.
16. 팀 미팅의 전략을 말해보고, 여러분의 경험을 토론해보자.
17. 팀 프로젝트 모니터링이 왜 중요한지와 그 전략들을 토론해보자.
18. 팀 효과성 평가 도구를 구하여 실제로 평가해보고 그 장단점을 토론해보자.
19. 팀 보상에서의 접근 방법과 보상시 유의점을 토론해보자.

참고문헌

다카하시 마코토 편저, 조경덕 옮김(2003), 『창조력 사전*The Bible of Creativity*』, 매일경제신문사.

사토 인이치, 이봉노 옮김(2005), 『문제해결의 기술』, 새로운 제안.

제임스 하긴스 지음, 박수규 옮김(2003), 『필요할 때 꺼내 쓰는 결정적 아이디어 101』, 비즈니스북스.

최유현(2005), 『기술교과교육학』, 형설출판사.

Bagulary, P.(2003), *Teams and Team-working*, Chicago, Ill: MaGraw-Hill.

Eide, A. R., Jenison, R. D., Mashaw, L.H., and Northup, L.L.(2002), *Introduction to Engineering Design & Problem Solving*, Boston: McGraw-Hill.

Goetsch, D.(2004), *Effective Teamwork: Ten Steps for Technical Professions. Net Effect Series*, Columbus, Ohio, Pearson Prentice Hall.

Katzenbach & D. Smith(1993), *The Wisdom of Teams: Creating the High-Performance Organization*, Cambridge, M.A: Harvard Business School Press.

McNeill, B. Bellamy, L. and Foster, S.(1995), *Introduction to engineering design*, Tempe: Arizona State University.

Rees, F.(1997), *Teamwork from start to finish: 10 steps to results*, An Imprint of Jossey-Bass Inc., Publishers.

Scholtes, P. P.(1996), *The Team Handbook*, Madison, WI: Joiner Association.

Smith, K. A.(2004), *Teamwork and Project Management*, 2nd Ed. Boston: MaGraw-Hill.

Stewart, G. L., Manz, C. C. & Sims, Jr, H. P.(1999), *Team Work and Group Dynamics*, New York: John Wiley & Sons, INC.

Wellins, R. S., Byham, W. C. & Willson, J. M.(1991), *Empowered Teams: Creating self-directed work groups that improve quality, productivity, and participation*, San Francisco, CA: Jossy-Bass Inc.

West, M. A. & Markiewicz, L.(2004), *Building Team-Based Working: Practical Guide to Organizational Transforming*. BPS Blackwell.

http://www.12manage.com/methods_mind_mapping_ko.html

공학기술과 팀워크

글로벌 시대 공학리더를 위한 팀워크 이론 입문

초판 1쇄 인쇄일 | 2008년 8월 25일
초판 1쇄 발행일 | 2008년 9월 1일

발행처 지호출판사 | 발행인 장인용 | 출판등록 1995년 1월 4일
등록번호 제10-1087호 | 주소 고양시 일산동구 장항동 751 삼성라끄빌 1319호
전화 031-903-9350 | 팩시밀리 031-903-9969 | 이메일 chihopub@yahoo.co.kr

표지 디자인 오필민 | 본문 디자인 노승우 | 마케팅 윤규성

종이 대림지업 | 인쇄 대원인쇄 | 라미네이팅 영민사 | 제본 경문제책

ISBN 978-89-5909-044-0